U0055958

胡雪巖傳奇

章岩——著

從學徒到紅頂商人

目錄 CONTENTS

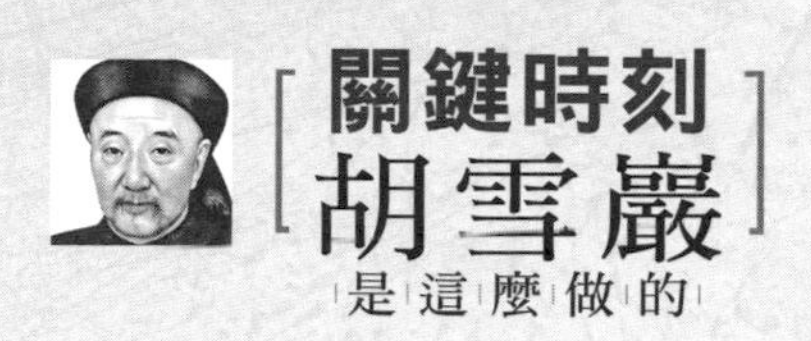

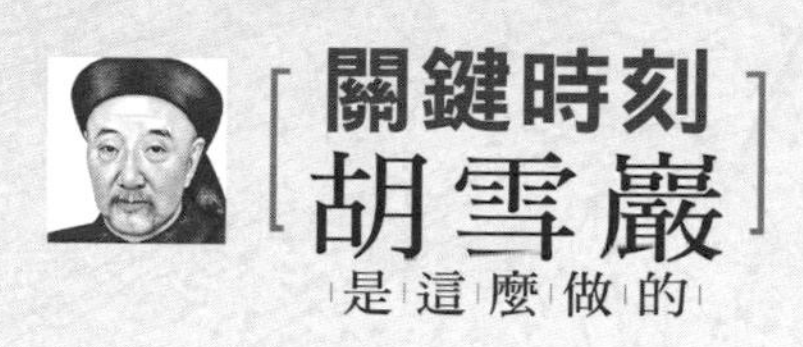

第九課 善待員工，人才是栽培出來的

第十課 團隊管理，賞罰分明

第十一課 領導力——善於駕馭全域

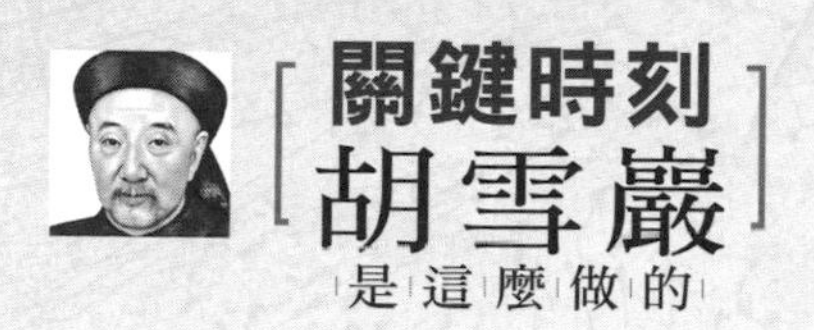

第十五課　榮辱得失間，保持平常心

第十六課　做生意賺了錢，要做好事

前言

胡雪巖的商道與人道

他，白手起家，最終富甲一方；

他，一諾千金，爲民請命，爲國分憂；

他，官至二品，賞穿黃馬褂，騎馬紫禁城；

他，就是「紅頂商人」胡雪巖，晚清天際中劃過的一顆耀眼流星。

胡雪巖獨特的經商才能和跌宕起伏的人生際遇，在經過諸多著名小說家和文史學者的演繹和渲染後，在媒體、影視等推波助瀾之下，已經演化成一個傳奇。

但在傳奇耀眼的光環之下，胡雪巖的神奇發跡究竟依靠的是什麼？

胡雪巖的「傳奇」不能撇開歷史的背景，不能脫離當時政治的因素，但我們需要的是理性看待一代巨賈胡雪巖做人、做事、經商的智慧，需要的是對他的人生、他的奮鬥、他的爲人處事、他對商道的獨到理解，需要的是他給當代的商界人士和眾多想要實現個人價值的讀者的諸多啓示。

胡雪巖生於清道光三年，即一八二三年，死於清光緒十一年，即一八八五年，終年六十二歲。貧困的出身，爲胡雪巖的一生一開始就抹上了傳奇的色彩。

最初，胡雪巖只是錢莊的一個學徒。由於家道敗落，母親在無奈之下將他送到一家名爲「信和」的錢莊當小夥計，從掃地倒便壺開始做起。知道這份工作來之不易，胡雪巖十分勤快，他辦事靈活，熬到滿師後，便成了信和的一名夥計，並且專理跑街收賬。

年輕的胡雪巖實在太過「膽大妄爲」，二十歲時，他自作主張，挪用錢莊的銀子資助潦倒落魄的王有齡進京捐官，不僅自己在信和的飯碗丟了，且因此事，使自己在同行中「壞」了名聲，再沒有錢莊敢雇用他，終至落魄到靠打零工糊口的地步。

好在天無絕人之路，王有齡得胡雪巖資助進京捐官，一切順利。喝水不忘掘井人，王有齡知恩圖報，一回到杭州就四下尋訪胡雪巖的下落，並且竭盡所能地幫助他。從此，胡雪巖開始叱吒商界，開闢了中國商業的先河。

入道之後，他借助官場的勢力，以開錢莊起家，層層托靠，左右逢源。他周旋於官府勢力、漕幫首領、洋商買辦之間，經營絲行、開辦藥店、設典當行等，並且馳騁十里洋場。

漸漸地，在上海這個近代中國金融貿易中心，他成了呼風喚雨的富商大賈，成了中國歷史上第一個與外國銀行開展金融業務往來的人。

……

胡雪巖和所有人一樣，經歷了人生的各個階段，最終走向生命的終結。然而，他的人生卻充滿了跌宕起伏，並爲現代從商者提供了許多引以借鑒的經驗和教訓，值得我們悉心研究——

胡雪巖曾於同治十三年籌設胡慶餘堂雪記國藥號，他親書「戒欺」字匾，教誡職工「藥業關係性命，尤爲萬不可欺」，「採辦務真，修制務精」。胡慶餘堂在當時是規模很大的藥行，其信譽享譽中外，對中國醫藥事業的發展起到了很大的推動作用。

胡雪巖的一生是非功過褒貶不一，但是他的商業成功的確是無可比擬的。胡雪巖的成功，很重要的一條原因就是他善於用人，能夠容人之短、揚人之長。他說一個人最大的本事，就是用人的本事。因爲他獨特的用人之術，他的身邊人才濟濟，爲他事業的發展起了推波助瀾的作用。

胡雪巖一生離奇曲折，遊走於官與商之間，追逐於時與勢之中，品夠了盛衰榮辱之味，嘗盡了生死情義之道。

本書講述了胡雪巖如何運用智慧披荊斬棘於商場，開拓創新的商業領域。胡雪巖夥計出身卻能夠實現前無古人的跨行業經營，像軍火、地產、生絲、藥店、典當、販運糧食等這些行業，他無一不涉足。

本書從胡雪巖爲人、做事、處世、用人、交際、經商、誠信等方面詳盡地分析了胡雪巖叱吒商場的風雲一生。

胡雪巖的一生是非功過皆有，但他的爲人處世之道可謂影響了一代人。在胡雪巖的一生中，富可敵國的他曾有在短短的三年時間內傾家蕩產的經歷，在六十二歲時鬱鬱而終。儘管如此，胡雪巖的經商之道對於當今商業仍然有很強的借鑒意義。希望本書能成爲經商者的致富寶典，成爲讀者爲人處世的最佳指導書！

第一課

為商就要愛商，請熱愛你的事業

胡雪巖語錄

文固可進官封爵，然商亦可光耀門庭。在商言商，心懷天下，為商愛商。

壹 在商言商，為商愛商

在傳統社會，讀書中舉、謀官進爵是文人的社會理想，在那個時代廣受推崇，於是，所有人都以做一個文人爲榮。而經商則爲人所恥，文人以「義」的代表自居，對「利」的代表——商人大加撻伐。文人之輕視商人，較之官僚往往有過之而無不及。

或許正是這種重文輕商的傳統觀念，使得我國幾千年來雖然文化昌盛，而商業卻很少達到極盛的狀態，在商業這塊領域中，舊時人才相對缺乏。

而在眾人都趨向於從文進而做官時，胡雪巖卻反其道而行之，不走「范進中舉」之路，以自己的聰慧馳騁於當時人才缺乏的商場，從而迅速地在商場中佔有一席之地，成爲一代豪商。

很多人想當然地認爲，胡雪巖經商是因爲貧苦的家庭環境所逼迫；另外還有一種版本，說他最初就出生在官宦世家，飽讀詩書；甚至還說他出生時，口中含著黃金。其實，這些不過是人們對於敬仰之人的一種神化。真實的胡雪巖，其生平遠沒有人們說的那般神奇，但也沒有那麼落魄。

胡雪巖剛出生的時候，父親胡鹿泉是杭州的一個小官吏，雖然官位不高，但家裡的生活條件還不錯。後來，母親一連生下三個弟弟，胡鹿泉又殉職了，孤兒寡母的日子頓時陷入了水深火熱之中。

在胡雪巖的家鄉，胡氏宗族算得上是顯赫家族，族中曾有人在京城做大官，可是到了胡鹿泉這一代就大不如從前了。

族裡的人都希望胡鹿泉能夠幹一番大事業來光宗耀祖，可現在人死了，他們就把罪過算在胡雪巖母子的頭上，不讓他們來族裡祭拜。

這樣的做法深深地刺痛了胡雪巖的白尊心，他想，自己以後一定要幹出一番大事業，讓那些曾經看不起自己的人都後悔今天的所作所為。事實證明，立大志讓胡雪巖成為了商界「傳奇」。

很多文獻記載中都這樣寫胡雪巖：「胡光墉，字雪巖，年少則不文，而樂於皋商。」「光墉幼年即習於商。」這充分說明了胡雪巖對於經商的喜愛。

俗話說得好，幹一行愛一行。人只有對自己所做的事感興趣，才能用盡全力、持之以恆地將事業做好。所以說，熱愛自己的事業是取得成功的第一要素。今日的商人，在經濟全球化的時代背景下，要全面、客觀地認識經商與其他職業之間的關係，既不能自我貶低，也不能仗著財大氣粗而貶低別人，而應發自內心地去熱愛自己的事業。只有這樣，才能把事業做大、做強、做好。

貳 向上望，不甘平庸

詩人格斯特說：「現在的自己永遠是有待完成的。」我們只有向上望，不甘平庸，才能在努力中塑造理想的自我。只有擁有超越平庸的態度，才能成就非凡的人生。

胡雪巖十二歲的時候，在放牛時撿到了一個包裹，裡面全是金銀財寶。正直的胡雪巖拿著這個包裹，等了好幾個時辰才等到失主。失主張老闆被胡雪巖拾金不昧的高尚情操打動，又見胡雪巖聰明伶俐，就有心收他為徒。

胡雪巖回到家裡跟母親說明了情況，母親問他：「出去之後，你有信心做好嗎？」

胡雪巖答道：「出去之後，我一定會幹出一番事業。我不能放一輩子牛，讓別人看不起。」母親聽了他的話，十分欣慰，就給他收拾了行李，讓他離開了生活了十多年的家鄉。

離開家鄉後，胡雪巖就跟著張老闆來到了他的店裡。張老闆在大阜開了一家雜糧行，專門為金華養豬場提供飼料。店裡缺少人手，胡雪巖自然成了師兄們指使的對象。不過胡雪巖不管做什麼事情都沒有怨言，他總是很賣力地幹活，爭取把交代給他的事情儘快做好。再加上他聰明好學、誠實、沒心計，所以大家都非常喜歡他。不到一年的時間，胡雪巖就被老闆轉成了正式職員。

浙江金華是個產火腿的地方，每年固定的時間，金華的蔣老闆都會來大阜收購飼料。這一年，蔣老闆如期來到大阜，但是由於舟車勞頓，他很快就病倒了。頭腦靈活的胡雪巖被指派照顧蔣老闆，從飲食起居，到煎藥熬湯，胡雪巖都將蔣老闆照顧得無微不至，甚至一些常人想不到的細節，胡雪巖也很用心地注意到了。

蔣老闆對胡雪巖的印象很好，見他如此聰明，就想幫他一把。他向張老闆詢問胡雪巖的人品，知道了他拾金不昧的故事，更是對他讚賞不已，決定把胡雪巖帶在身邊，讓他到自己的店裡幫忙。

張老闆將蔣老闆的意思向胡雪巖說明了，讓他自己做選擇。當時，胡雪巖在雜糧行裡十分受尊重，熟悉的環境，再加上大家的喜愛，足可以使他在雜糧行的發展順風順水，如果選擇了金華，那就意味著一切都要重新開始。

是選擇安逸的生活還是從頭再來？胡雪巖心裡想，眼前的生活雖然順暢，可是沒有更大的發展。要想幹出一番事業，就應該去大地方，多見見世面。雖然開始的時候可能很難，但是只要用心做，一定會學到更多的東西。所以，他決定離開雜糧行，去更遠的地方發展。

因爲看得遠，胡雪巖做出了正確的選擇；也因爲看得遠，胡雪巖更加重視自身的積累，而不是眼前的安逸。有一句話說：心有多大，舞臺就有多大；眼界有多高，人生的格局就有多高。對於一個渴望成功的人來說，明白自己想要幹什麼、怎樣才能走向成功，是事業發展的第一步。

胡雪巖不甘於平庸的態度，成就了他偉大的事業。

可是，在生活中，有很多人不能擺脫平庸的命運，他們一生一事無成，只滿足於過一種溫飽無憂的生活：有一份穩定的工作，拿著微薄的薪水，每天總是做著同樣的事，一直到離開這個世界。

一位飛行員這樣講述他的經歷：「有一次，我獨自飛行在大洋上空，忽然看到遠方有一團比黑夜更晦暗的風暴迅速朝我逼來，烏雲立刻籠罩在四周。我知道無法趕在風雨來襲之前安全著陸，我俯視海洋，看看是否能衝出雲層，匍行在海面上，但海洋在風暴的作用下掀起了洶湧的波濤。我知道現在唯一可行的出路就是往上飛，於是駕著飛機飛向高空，讓它上升一千英尺、兩千英尺、兩千五百英尺、三千英尺、三千五百英尺……天空驟然變得漆黑如夜，大雨傾盆而下，冰雹像子彈一般落下。

「在四千英尺的高空中，我知道只有一條生路，就是繼續往上飛。所以，我爬上了六千五百英尺的高空。忽然，我衝進一片陽光燦爛的福地，這是我從未見過的景象，烏雲都在我腳下，光彩奪目的蒼穹伸展在我的上空。這種景象似乎屬於另一個世界。」

只有站得高，才能看得遠。想要走遠路，就不能始終望著自己的腳趾頭。有了遠大的抱負，改變你生命的視角，你就能看見一個不一樣的世界，擁有一個不一樣的人生。

胡雪巖擁有廣闊的視角，所以註定了他與眾不同的人生。仔細思考，我們每個人都有一個廣闊的世界，心的格局可以很寬很大。一旦你的格局被放大，你的視角無限延伸，你的事業和人生也將上升到更高的層面。

胡雪巖的故事告訴我們，只有不甘平庸，不滿足於現狀，對生活有所追求，才能使人熱血沸騰、幹勁十足，走向理想的境地。也只有擺脫平庸，時刻準備努力拼搏，才能成功。

所以，從今天開始，重新審視自己，不要再固步自封，多朝前看，朝遠方看，也許，你就會成爲下一個胡雪巖。

凡事要麼不做，要做就要像個樣子

江浙一帶有句俗話說：「凡事要麼不做，要做就要像個樣子。」意思是說，不僅要能立志、有自信，還要能真正踏踏實實地做事。這也是胡雪巖成爲一流大商賈的性格動力之一，也是一個渴望有大成就的人必備的素質之一。

當太平軍攻佔杭州，杭州城裡什麼都變了，唯有更夫沒變。無論是在被太平軍攻佔之前，還是佔領期間，抑或是最後被朝廷收復，更夫老周每夜都會按時打更，從沒有間斷過一天。

胡雪巖在戰亂剛過重返故里的第一夜，就聽到了「篤，篤，鏜！篤，篤，

鏜」的梆鑼之聲。久歷戰亂，剛剛平復，一切還都是兵荒馬亂的樣子，這「篤，篤，鏜」的太平時世的聲音，帶給人的無疑是安定、恬適、振奮之感，使胡雪巖也為之肅然動容。

當他知道更夫老周無論是在戰亂還是太平的時候，都能風雨不改地打更之後，不禁連聲讚嘆：「難得！真難得！」當即決定把老周收到自己的門下，並委以重任。

用他的話說，是要「借重」更夫，請他來幫自己的忙。

在胡雪巖看來，一個不論在什麼情況下都能踏踏實實做事情的人，就是一個了不起的人。他認為：世界上很多事，本來人人都能做，只看你是不是肯做，是不是一本正經地去做。做到這些，就是個了不起的人。

他還經常對自己的雇員說：「凡事要麼不做，要做就要像個樣子。」

從某種意義上說，這裡點出了一個成功者之所以能夠取得成功的最重要的秘訣。道理很簡單，任何事在於自己能一步一步努力去做。成天做黃金夢、做老闆夢，謀劃如何去賺大錢，卻不願意去親身體驗創業的艱難和辛酸，或者淺嘗輒止遇難即退，盡做些半途而廢的事情，要想賺錢，只能是白日做夢。

從古至今，沒有一個成功的商人不是在艱難困苦中憑著一股鍥而不捨的韌性，從一點一滴的小事一步一步幹出來的。例如，李嘉誠就曾經做過很長時間的穿行於大街小巷推銷商品的推銷員。

當然，做生意的確要有才幹，但是比較而言，腳踏實地、實實在在、鍥而不捨地去做，更加重要。

自立門戶：寧為雞首，不為牛後

成人的標誌不是簡單地過完十八歲生日，而是學會在社會上立足；成功的標誌不是爲他人辦成了多少事情，而是贏得了多少真正屬於自己的天地。

因此，胡雪巖第一個階段的目標就是自立門戶。這種自主意識，是一個人敢於冒險開拓的魄力的具體體現，也是一個可能取得大成就的商人必不可少的素質。

胡雪巖成為信和錢莊的學徒後，從最簡單、最底層的活計做起，他腦袋靈光又勤快，熬到滿師，便成了信和的一名夥計，專理跑街收賬。後來，胡雪巖自作主張，挪用錢莊的銀子資助潦倒落魄的王有齡進京捐官，不僅弄丟了自己

在信和的飯碗，也壞了自己在同行中的名聲，沒有錢莊敢雇用他，他落魄到要靠打零工糊口。

好在天無絕人之路，王有齡得胡雪巖資助進京捐官，一切順利，回到杭州，很快便得了浙江海運局坐辦的肥缺。王有齡知恩圖報，一回到杭州就四下裡尋訪胡雪巖的下落，即便自己力量有限，也要盡力幫他。

重遇王有齡後，這時的胡雪巖有兩個選擇：一是留在王有齡身邊。此時的王有齡需要幫手，也特別希望胡雪巖能夠留在衙門幫自己。適當的時候，胡雪巖也可以捐個功名，以他的能力，在官場中肯定會有飛黃騰達的時候。

另一個選擇是回信和錢莊，信和「大夥」張胖子收到王有齡還回的五百兩銀子之後，為了拉回有官場靠山的胡雪巖，準備讓出自己的位子。張胖子找到胡雪巖的家裡，懇請胡雪巖重回信和，甚至將胡雪巖離開信和期間的薪水都給他帶去了。

然而，這兩條路，胡雪巖都沒有走。混跡官場本來就不是胡雪巖的興趣所在，他肯定不會走前一條路。幫王有齡，他自然不會推辭，但他還是想要幹出一番屬於自己的事業。而回到信和，也就是胡雪巖說的「回湯豆腐」，這「回湯豆腐」做得再好也不過是做到「二老闆」為止，並不能事事由自己做主。

胡雪巖要自己做主，開辦自己的錢莊。但現實卻是，這時的胡雪巖身無分文，但他料定王有齡還會有外放州縣的機會。他計畫著，現在有個幾千兩銀子把錢莊的架子撐起來，到時可以代理官庫銀錢往來，擴大生意，定能發達。

胡雪巖「寧爲雞首，不爲牛後」，就是要開創屬於自己的一片天地，樹立自立門戶、自己做老闆的意識。其實，這也是一種強烈的自主意識，這種自主意識體現了一種不肯甘居人後的進取精神，也體現了一個人敢於冒險開拓的魄力。

胡雪巖常講：「自信者，方能自強。如果一個人沒有自立門戶、開創自己事業的非凡自信，這個人永遠都不會成爲人生和事業的強者，只能永遠原地踏步，或者跟著別人做一點兒小生意。」

伍 沉住氣，莫想過去，只看將來

胡雪巖把「沉住氣」作爲自己生意場上的一個行爲準則。他常說：「千萬要沉住氣。今日之果，昨日之因，莫想過去，只看將來。今日之下如何，不要去管它，你只想著我今天做了些什麼、該做些什麼就是了。」

明代的呂坤在《呻吟語》中描述了「沉住氣」的具體表現：「在遭遇患難的時候，內心卻居於安樂；在地位貧賤的時候，內心卻居於高貴；在受冤屈而不得申的時候，內心卻居於廣大寬敞，就會無往而不泰然處之。把康莊大道視爲山谷深淵，把強壯健康視爲疾病纏身，把平安無事視爲不測之禍，那麼，你在哪裡都不會安穩。」呂坤講的三個「在」，才是「沉住氣」的真正態度。

一個人假如達到了這種「沉住氣」的境界，不管他遭遇何事，都能夠泰然處之而不亂。但在現實生活中，人有時候非常容易沉不住氣：危機出現的時候容易沉不住氣；事情太順了，也容易沉不住氣。

王有齡進京捐官成功後，由於有何桂清的推薦，回到杭州很快就得到了海運局坐辦的實缺，而在胡雪巖的全力幫助下，涉及王有齡自己，包括整個杭州官場人物前途的漕米解運的麻煩，也一舉圓滿解決。這時又恰逢湖州知府出缺。湖州為有名的生絲產地，豐饒富庶，是一個讓很多人垂涎的地方。王有齡由於漕米解運的事，在杭州得了「能員」之稱，湖州知府的肥差也因此落到了他的身上。不僅如此，他還同時得到了兼領浙江海運局坐辦的許可。一切如意，他實在是太順利了。

這樣順利，連王有齡自己都有點兒不相信自己的運氣會如此好，他對胡雪巖說：「一年工夫不到，實在想不到有今日的局面。福者禍所倚，我心裡反倒有些嘀咕了。」

但胡雪巖卻對王有齡說：「千萬要沉住氣。今日之果，昨日之因，莫想過去，只看將來。今日之下如何，不要去管它，你只想著我今天做了些什麼、該做些什麼就是了。」

胡雪巖的這番話，不外乎是說人要不為寵辱得失所動，不要過多地去想自己的得失，而應該把眼光放到遠處，更注重該做必做的事情。儘管這番話是具體針對王有齡的沉不住氣說的，卻也實在說出了一番應對人事的大道理。

人的確要有一點兒不爲寵辱所動、不被得失所拘的氣魄。一時的得失榮辱儘管並不能都輕輕鬆鬆全看作過眼雲煙，但畢竟比不上該做必做的事情重要。人總是要往前走的，只有做好當下該做必做的事情，才能一直往前走。

再說，一時的榮辱得失，其所得所有，必有它該得該有的緣由。俗話說，沒有無由的福祉，也沒有無由的災禍，所謂「今日之果，昨日之因」，就如王有齡的「運氣」，其實也是他與胡雪巖一直努力做出來的。從這一角度看，完全沒有必要去爲得或失犯嘀咕。

在生意場上的「沉住氣」，還表現為遇事不驚。遇事不驚，必凌於事情之上；達觀權變，當安守於糊塗之中，泰然處之。否則，不僅不能息彌事端，還會生事、滋事、擾事、鬧事；不僅不能力挽狂瀾，還會被捲入漩渦之中，拋於險浪之巔。

遇事不驚，就是要做到獨自一人時，超然物外；與人相處時，和藹可掬；無所事事時，語默澄靜；處理事務時，雷厲風行；得意時，淡然坦蕩；失意時，泰然若素。

阜康擠兌風潮波及杭州，在杭州主事的螺螄太太原本是一個很有主見也很能幹的人，但她這次也被突如其來的災難「震」得不知所措了。

就在這時，胡雪巖回到杭州。他來到錢莊的時候，正遇店裡開飯，此時的他居然還有閒情逸致去看夥計們的飯桌。

見夥計們的飯桌上只有幾個平常的菜，便囑咐錢莊「大夥」謝雲清，說是天氣冷了，該用火鍋了。他要謝雲清把冬至之後才用火鍋的規矩改一改，照外國人的辦法，以氣溫的變化做標準：冬天寒暑表多少度吃火鍋，夏天寒暑表多少度吃西瓜。

儘管這種關心店員生活的情形以前也有，但在面臨破產倒閉的關頭，胡雪巖還可以這樣沉得住氣，連那些夥計們都感到非常驚訝。

胡雪巖能夠這樣沉住氣，是因爲他擁有能夠將得失心丟開的氣魄。他知道事業不是他一人創下的，出現窘迫的局面，也不是他一個人的過失，今日之果得自昨日之因，這個時候陷於得失之中不能自拔，不但於事無補，還會更加壞事。他告訴自己，不必怨任何人，甚至連自己都不必怨，只想現在該做什麼、怎麼做，這才是至關重要的。實際上，他在冷靜之下採取的措施手段，大體都還是有效的。比如，他那使夥計們驚訝的「看飯桌」，對於穩定人心起到了非常好的作用。

在商言商，生意人當然不可能不計得失。但很多時候，特別是危機出現的時候，生意人又確實比任何人都需要將得失拋開，因爲只有這樣，才能真正沉住氣。如果被眼前得失所拘，甚至斤斤計較於得失不能自拔，就非常可能被眼前得失所惑而陷於一種迷亂之中，對眼前該做、必做的事情全部看不清。

記住：不管面對什麼情況，不管面臨何得何失，都要遇事不驚，臨危不亂，沉住氣。

第二課

生意的氣度，源自你的眼光

胡雪巖語錄

小零售商的老伯，只能看見一村一莊、一條街的生意，而做大生意的人卻能看見一省乃到全國的生意。

謀事在人，成事也在人

「謀事在人，成事在天。」這句話在中國流傳了幾百年，透露出的是中國人的宿命論觀點。同時，這句話也是人們在某件事失敗時的自我安慰，其實就是一種不自信的表現。而胡雪巖卻反過來說，謀事在人，成事也在人，表現的恰恰是一種自信。正是因爲具有這種自信，胡雪巖才成就了一番偉業。

開辦錢莊，不是胡雪巖一時衝動做出的決定，他是有事實依據的。因為他在信和錢莊當夥計當了很多年，對錢莊的操作方法瞭若指掌，同時，他也通過經手各種業務的往來，得知錢莊是一種暴利的行業，只要你有資本，把錢莊開辦起來，賺錢是很自然的事。

胡雪巖開錢莊的自信就源於這份知己知彼，他以後的生絲生意、軍火生意、藥店等，無不以這種知己知彼的自信為基礎。正是因為有這種自信，所以胡雪巖每進入一門行業，都能成功，並且是大成功。

胡雪巖能取得成功，自信只是其中一個前提條件，他還具備許多其他方面的能力，比如，他具備成就大事業的能力。後來他與洋人打交道，做軍火、生

絲生意，儘管剛開始他是這方面的門外漢，但是一段時間之後，他比任何人都瞭解這些，真正地成了這方面的專家。

同時，他還具備成就一番事業的客觀情勢，也就是人們通常所說的地利、天時或時勢、機遇。王有齡的上臺，為他提供了開錢莊的官場靠山，這是信和錢莊所不具備的；而王有齡死了之後，左宗棠又為胡雪巖提供了官場靠山，所以他的軍火生意才能做得那麼紅火。這些都是促使他成功的必要條件。

古往今來，凡是想成大事、能成大事者，都有大自信。所謂「當今之世，捨我其誰」「天生我才必有用」「人所具有的我都具有」「會當水擊三千里，自信人生二百年」……這些名言展示的都是有大成就者的豪邁胸懷。

日本三洋電機的創始人井植歲男講過這樣一個真實的故事：

一天，他家的園藝師傅對他說：「社長先生，我看您的事業越做越大，而我卻像樹上的蟬，一生都坐在樹幹上，太沒出息了，您教我一點兒創業的秘訣吧。」

井植點點頭說：「行！我看你很適合園藝工作。這樣吧，在我工廠旁有兩萬坪空地，我們合作來種樹苗吧。」

「樹苗一棵多少錢能買到呢？」

「四十日圓。」井植又說，「一百萬日圓的樹苗成本與肥料費用由我支付，以後三年，你負責除草施肥工作。三年後，我們就可以收入六百多萬日圓的利潤，到時候我們一人一半。」

聽到這裡，園藝師卻害怕地說：「哇，我可不敢做那麼大的生意！」

最後，他還是在井植家中栽種樹苗，按月拿工資，白白失去了致富良機。

人們常常會用「膽量」這兩個字來說明敢想敢幹、敢做敢當的精神。在複雜的社會生活中，我們需要面對許多問題和矛盾，處理這些問題，解決這些矛盾，需要有經驗、有智慧、有謀略、有才幹；同時，還有一樣東西也是必不可少的，那就是膽量。

胡雪巖說過：「我是一雙空手起來的，到頭來仍舊一雙空手，不輸啥！不僅不輸，吃過、用過、闊過，都是賺頭。只要我不死，我照樣能一雙空手再翻過來。」

貳 誰敢為人先，誰就占了一半贏面

在商業競爭中，有遠見的人總是採取開拓型的經營決策，爭取主動，獲得比競爭者領先的優勢，從而出奇制勝。

一八四〇年，鴉片戰爭爆發，英國與中國簽訂了中國近代第一個不平等條約——《南京條約》，列強見有機可圖，於是紛紛來侵略中國，隨之而來的是一連串不平等條約的簽訂，這些條約逐步打開了中國的海禁。

中國的海禁一打開，洋商紛紛湧入中國，辦銀行的、修鐵路的、賣軍火的……各式各樣。洋商也很喜歡中國的生絲、茶葉、瓷器，因為這些在西方很暢銷。所以，和洋人做這種生意肯定很賺錢。

但當時的中國商人沒有幾個能抓住這種商機，一方面是因為語言不通，另一方面則是因為對洋人產生了兩種極端的態度：一種是認為洋人是野蠻人，茹毛飲血，未經開化；另一種則是因為洋人的堅船利炮，接二連三地讓這個做著天朝上國美夢的國家吃了敗仗，人們一見到洋人就腿軟骨酥，稱之為父母大人。這兩方面的原因致使中國商人不敢與洋人做生意。

而胡雪巖卻是例外。語言不通，胡雪巖就找到洋商買辦古應春，二人一見如故，相約要用好洋場勢力，做出一番事業來。而且，胡雪巖不認為洋人是茹毛飲血的野蠻人，也不一見到他們就腿腳發軟，而是對之採取不卑不亢的態度，與其平起平坐。這種種態度決定了他能與洋人做成生意。就這樣，他在與外國人進行的絲、茶以及軍火交易中大發其財。

太平天國運動的時候，由於李鴻章依靠洋槍隊常勝軍的力量連連大捷，郭嵩燾就把法國人日意格介紹給左宗棠，希望左宗棠能建立一支完全用洋槍裝備的長捷軍。

日意格在找左宗棠的途中遇到了胡雪巖，於是把這一消息告訴了胡雪巖，而胡雪巖也早已聽說，上海有一家錢莊就因為承攬了常勝軍的軍火生意，賺了好多銀子。這極大地誘惑著胡雪巖，於是他極力贊成左宗棠也建立一支長捷軍，好從中賺取一筆。此時的胡雪巖已是左宗棠的親信，左宗棠的一切糧餉都交由胡雪巖負責，自然組建長捷軍的軍火也全部由胡雪巖向洋人購買。

但軍火是大買賣，需要大筆銀子，胡雪巖有做軍火生意的機會，卻缺少銀子，怎麼才能弄到這筆銀子呢？

胡雪巖首先想到的是向洋人借，但當時洋人開的洋行都在上海，沒有憑證，洋人是不會平白無故借錢給你的。所以，得先在上海開一家錢莊。於是，胡雪巖就派人在上海開了一家阜康錢莊的分店，並請左宗棠題了匾名。一切都辦妥當之後，胡雪巖開始向洋人的洋行借錢。最終，胡雪巖用借來的錢向上海的洋人購買常捷軍的裝備，在其中狠狠地賺了一筆。

後來，左宗棠任閩浙巡撫，大力發展洋務運動，在福建建立船政局，建造輪船，胡雪巖負責引進技術和設備，在這過程中，他又發了一筆技術及設備引進財。等左宗棠任陝甘總督的時候，負責鎮壓回族人起義，在上海組建上海轉運局，任胡雪巖為負責人，操辦西征軍務所需物資及軍械，於是，胡雪巖又大發了一筆轉運財。

這種種活動，胡雪巖無不要與洋人打交道，通過與洋人做生意，胡雪巖實現了自己一筆筆財富的積累，最後成就了他的「胡財神」之譽。

所以，胡雪巖財富積累的完成，大部分是他敢為人先，敢與洋人做生意得來的。

敢爲人先是一種勇氣，有了這種勇氣，才能敢開一代風氣之先。同時，敢爲人先者往往是時代的弄潮兒，他們必將獲得成功，成爲時代的領軍人物。

一件事，第一個做的是天才。一個已被他人挖了多次的金礦，如今你再怎麼辛苦開採，最多也只能得到一些別人剩下的「殘羹冷炙」。而眼光獨到的經營者都明白這樣一個道理：一個尚未有人注意到的領域，或許應該說，一個尚未有人敢在生意上打主意的領域，要比他人涉足過的領域賺錢容易得多。

只有別人還沒有發現而你卻發現的機會才是黃金機會，儘管這樣做很冒險，但不冒險就不會贏，只要有一半的希望就值得冒險。

也許第一次嘗試會消除你一往無前的勇氣與一馬當先的銳氣，也會扼殺你堅持頑強的韌勁與不怠不懈的幹勁兒。但是，一次小小的碰壁不應該成爲你前進的阻礙，你應該繼續實踐，不斷嘗試，只要付出努力，終將會獲得財富。

企業家永遠都是「賭徒加工程師」

美國快遞大王，聯邦快遞公司總裁弗雷德・史密斯說過這樣一句話：「我認爲，『企業家』一詞在某種程度上應當賦予它賭徒的涵義。因爲，在許多時候，他們都需要採取相當冒險的行動。」彼得・杜拉克曾將「孤注一擲」放在企業家四種戰略的第一位，他說：「在所有的企業家戰略中，這個戰略的賭博性最強，而且它不容許有失誤，也不會有第二次機會。但是，一旦成功，孤注一擲的回報率卻是驚人的」。所以，這種「賭徒心理」會帶來大收穫，但也會伴隨著大風險。

之所以這樣說，就是因爲企業家不管是在創業之初還是在面對一個機會的時候，都帶有「賭徒」的心理。

胡雪巖認爲：「商人圖利，只要划得來，刀頭上的血也要去舔，風險總有人背，要緊的是一定要有擔保。」胡雪巖在他的發家致富過程中，也具有「賭徒」的心理。

胡雪巖的第一次「賭」，就是資助王有齡捐官。

清代的捐官只有兩種，一種是做生意發了財，富而不貴，美中不足，捐個功名好提高身價，像揚州的鹽商，個個全是花幾千兩銀子捐來的道台，那樣便可以與地方官稱兄道弟、平起平坐，要不就不算「縉紳先生」，有事上公堂，要跪著回話。另一種，本是官員家的子弟，書讀得不錯，就是運氣不好，次次名落孫山，年紀大了，家計日漸艱難，總得想個謀生之道，走的就是「捐官」的這條路，改行也無從改起，只好賣田賣地，托親拜友，湊一筆錢去捐個官做。

王有齡就屬於後者，其父原為候補道，沒有奉委過什麼好差事，分發浙江，在杭州一住便是數年。老病侵尋，心情抑鬱，最終死在異鄉。身後沒有留下多少錢，運靈柩回福州，要很大一筆盤纏，而且家鄉也沒有什麼可以投靠的親友，無奈，王有齡只好奉母寄居在異地他鄉。

境況不好，且又舉目無親，王有齡窮困潦倒，每天在茶館裡窮泡，消磨時光，雖然捐了官卻無錢去「投供」。在清代，捐官只是捐了一個虛銜，憑一張吏部所發的「執照」，取得某一類官員的資格。要想補缺，必要到吏部報到，稱為「投供」，然後抽籤分發到某一省候補。王有齡尚未「投供」，更談不上補缺了。

而胡雪巖當時只是信和錢莊一名得力的夥計。開始時，胡雪巖和其他夥計一樣在店裡站櫃頭，後來東家和大當家的都感覺這個小夥計很順眼，就派他出去收賬。胡雪巖認真操辦，不曾出過半點兒差錯，深得東家賞識。

他身在錢莊，看慣了多少人在生意場上一夜之間暴富，改變命運；又有多少人萬貫家產毀於一旦，淪為乞兒。他喜歡聽說書，「昨日階下囚，今日座上賓」「落難公子，小姐贈金，金榜題名，洞房花燭」諸如此類富有傳奇色彩的故事，常令胡雪巖興奮不已。所以，胡雪巖認定眼前這個落魄潦倒的王有齡必定會時來運轉，大富大貴，只是時機未到。

剛好在那時候，老闆交辦胡雪巖去討一筆倒賬，因為沒有十分把握，所以即使討不回來，老闆也不會怪罪他。故而胡雪巖未把討回的銀票交回錢莊，他想把這錢當作本錢，做一樁大生意的投資，如今瞅準了王有齡，正要在他身上下工夫。

胡雪巖見識高明，他認定以錢賺錢算不得本事，以人賺錢才是真工夫，假若選人得當，大樹底下好乘涼，今生發跡就有靠山了……

可以說，胡雪巖的輝煌歷程就是從為王有齡「捐官」開始的。也正是「捐官」這一新概念成就了一代「紅頂商人」，為胡雪巖的發跡創造了契機。

在胡雪巖往後的商業生涯裡，靠的也是幾次「孤注一擲」的「賭博式投資」。

阜康錢莊剛開業不久，胡雪巖就不惜動用錢莊的「堆花」款項兩萬兩銀子，以超低利率悉數貸給了麟桂，這就是一種「孤注一擲」的表現。當時的麟桂即將離開浙江，要是不還，該怎麼辦呢？那對剛開業不久的阜康來說，將會是致命的打擊。

所以，胡雪巖的這一次借款是冒了很大的風險，他在賭，賭麟桂不會不還款。最後，他賭贏了，他的這一舉動帶給阜康的是源源不斷的生意。

胡雪巖從錢莊涉足生絲業的時候，也「賭」了一把。

隨著阜康錢莊的生意越來越紅火，胡雪巖就想在上海和洋人做生絲生意。但是當時上海傳聞「小刀會」將會起事，在這種傳聞下，假定小刀會起事成功了，上海肯定要有好一陣混亂。上海與內地交通隔斷，外邊的絲很難運進，如果能事先囤絲，大批吃進，它就是一筆好生意。但是囤絲有風險，首先是要壓一大筆本錢，而且，假定市面不出半月又平靜了，囤絲就沒什麼意義了。既有風險又有利潤，那還做不做生絲生意呢？

此時，胡雪巖作為商人的賭性又占了上風。他決定大量買絲，囤在租界，理由是洋人暗中在軍火上支持「小刀會」，政府必然要想個法子治一治洋人，最直接的方式就是禁止和洋人通商，所以過不了三個月，洋人很可能有錢卻買不到絲，這會致使上海的絲價大漲。

最後，事情的發展果不出胡雪巖所料，兩江總督上書朝廷，力主禁商並懲罰洋人，朝廷批准立刻禁商。就這樣，胡雪巖從生絲生意中大賺了一筆。

這兩次「賭」，均讓胡雪巖狠狠賺上了一筆。

但話又說回來，企業家與賭徒畢竟是不同的，將企業家等同於賭徒顯然不太恰當，亦不符合事實。企業家身上的「賭徒」特質，來源於他們的冒險精神，他們與賭徒的本質區別，亦在於他們在孤注一擲的時候，有著理性判斷。

胡雪巖之所以敢「賭」，首先源於他對每一樁生意運作中的時勢、商情都瞭解得非常充分。這種「賭」不是莽撞的一時衝動，而是經過深思熟慮之後做出的最後決定。因此，胡雪巖才能在各個機會來臨時勇敢地把握住，並穩賺巨額利潤。

同時，胡雪巖之所以敢「賭」，也是因爲他有過硬的靠山。不管是王有齡還是左宗棠，都給他提供了官場上的保護。

約瑟夫・熊彼特於一九四二年提出了企業家要具備三種素質：一是有眼光，能看到市場潛在的商業利潤；二是有能力、有膽略，敢冒經營風險，從而取得可能的市場利潤；三是有經營能力，善於動員和組織社會資源，進行並實現生產要素的新組合，最終獲得利潤。「賭徒」心理只是其中的一種，要想成爲真正成功的商人，在有這種「賭徒」心理的前提下，還要有眼光和經營能力。

這個世界根本沒有不擔任何風險的生意，而且，往往是所擔風險越大，所得利潤就越多。商業經營中，有許多稍縱即逝的寶貴商機等待人們去發掘。然而，機遇同時也意味著風險，機遇越好，風險則會越大。商機稍縱即逝，到底能否抓住機會，並勇於承擔必要的風險，全在於決策者是否具有當機立斷的勇氣。

肆 不是缺少商機，而是缺少發現

人人都渴望成功，而成功的人，無一例外都是能抓住機會、利用機會的高手。當不少人還在原地踏步時，他們早已抓住契機迅速發展，建立了自己的事業王國。因此，美國鋼鐵大王卡內基發自內心地告誡人們：「每個人都擁有機會，只不過有些人不會掌握而已！」

人一生的機遇往往只有那麼一兩次，就看你能否抓住。一個哲人說過：在每一位偉大人物的一生中，都有一個關係其成敗得失的時刻，在此緊要關頭做出的行爲抉擇代表了他所能採取的最高行爲水準。

商機無處不在，只是它們常常會被人忽視。很多人認爲機會出現在眼前時便可捕捉機會，所以較少去仔細尋覓，這種錯誤的導向致使商機流失。拿起放大鏡把注意力放在目前可以利用、可以支配的資源上，千萬不要疏忽任何機會，如果有了這種心態，就能借助機會獲得成功。

胡雪巖開辦錢莊時，受藩台貴福老爺家中姨太太們爭存私房錢的事件啟發，想出了一個絕妙的主意，他對助手說：「你們把撫台、藩台、道台、總兵、參將……凡是浙省官員，他們的太太、姨太太都調查清楚，開列一個名單。你給這些太太、姨太太每人發一本存摺，給她們每人先存上二十兩銀子，就算我們錢莊白送。」

他的助手秦少卿有點兒傻眼：「什麼？我們錢莊尚未開張，一個存戶都沒有，錢也分文未進，你卻要先白白送出去幾百兩銀子？」

胡雪巖正色道：「省裡這些大官倘若能為我所用，壯大錢莊勢力，誰還認為我阜康錢莊本小利薄，不能做大生意呢？只要錢莊先有了這批達官貴人作為存戶，面子足，檯子大，一傳兩傳，傳開後，誰還會懷疑我們阜康錢莊的信譽呢？」

秦少卿畢竟是個靈變之人，馬上反應了過來：「那我馬上去寫存摺。」

秦少卿沒想到，錢莊開張不過一旬，官家女眷來存私房錢的人竟這麼多，數目這麼大！少則幾百兩，多則成千上萬兩，都存到了阜康錢莊。而且一傳十，十傳百，那些沒拿到存摺的官太太也來錢莊新開戶頭，並且各顯神通，互相攀比，比誰富，看誰闊！

江東本就是富庶之地，殷實人家多，商戶遍地。官眷這種暗地裡的顯富比闊，又擴展到了商眷圈子裡，她們紛紛把自己的體己錢、私房錢、箱底錢存到阜康錢莊。有道是：「男人買箱子，女人管鑰匙。」女眷中多的是當家理財的行家高手，在她們那裡，錢莊經營的天地大著呢！

所以，對於成大事者來說，無論在哪裡，在什麼情況下，都能獲得商機。

在鎮壓太平天國運動的過程中，為解決軍餉不足的問題，朝廷下旨，要京城高官和各省督撫捐獻軍餉。

浙江巡撫黃宗漢作為一方封疆大吏，自然也在捐獻之列。但黃宗漢不願自掏腰包，此時恰逢王有齡運送漕米有功，將外放湖州知府，而王有齡因為海運局還有一部分虧空沒有補足，故而希望黃宗漢讓他兼領海運局坐辦。但黃宗漢乘機將「盤口」轉給了王有齡，王有齡不敢怠慢，馬上拿出一萬兩代捐。

這筆錢本來可以直接由與海運局有業務關係的信和錢莊匯往京城，王有齡也準備由信和馬上匯出，但胡雪巖卻將這筆錢要了過來，他要轉一道手，由自己打算刻意栽培的幹將劉慶生送到大源錢莊劃匯。

胡雪巖是這樣考慮的：劉慶生是個可造之才，但他到自己的阜康錢莊之前，只是大源錢莊的一名夥計，由夥計直接升擋手，同行未免輕看。一行生意的場面，最終要靠人才撐起來。現在由他代理黃宗漢去辦理匯款，對於抬高他的身分將會起到很大作用。撫台是一省大字第一號的大主顧，有這樣的大主顧在手裡，同行對劉慶生自然會刮目相看。更重要的是，劉慶生為黃宗漢匯劃這筆款子，還會引起同行對阜康來頭的猜測，這種猜測在同行中傳開，會將剛剛掛牌的阜康錢莊場面做大，而場面越大，生意就越好做。

就這樣，胡雪巖一文錢沒花，卻達到了一石二鳥之功效，既抬高了劉慶生的身分，又宣傳了阜康錢莊的牌子。

胡雪巖的經營之道確實讓人佩服，而他成功的關鍵，就在於能夠把握時機，大膽投資。

那麼，該如何抓住機遇呢？有兩點非常重要。

第一，**反向思維**。一般人之所以苦苦尋覓，卻一無所得，正是因爲受制於思維定勢，而機會的棲息之處卻往往在定勢之外。所以，不人云亦云，是把握時機的關鍵。眾人以爲不行的事，可能是過分誇大了困難，也可能是不適合他們做，卻適合你做。大家趨之若鶩時，你退避三舍，可能得到的會更多；大家躑躅不前時，你多跨一步，或許就能夠獨領風騷。

第二，**科學的分析**。如今的時代，經商除了需要經驗，人們也更看重科學的分析。看當今世界上每一家頂尖級的集團、公司都必須花費大量的人力、物力、財力，用於搜集、處理、分析市場動態，從中捕捉任何有利於本集團、本公司的資訊。在大資訊時代，懂得搜集、甄別資訊並能從資訊中發現商機，才是現代商人的精明之處。

伍 捨得吃虧，以虧引賺

在尋常人看來，胡雪巖在經營中的一些做法會「蝕本」，但胡雪巖的高明在於，他能看到長遠的利益，因此，他的投資在吃虧之後都得到了很好的回報。胡雪巖目光高遠、捨得用吃虧換便宜的策略還體現在另一件事上。

胡雪巖的阜康錢莊剛開業不久，綠營兵羅尚德便攜帶畢生積累的一萬兩銀子前來存款。羅尚德是四川人，年輕時嗜賭如命，且經常一擲千金地豪賭。

沒過幾年，羅尚德賭場失意，不僅把祖輩遺留下來的殷實家產輸得一乾二淨，還把從岳父處借來的準備用於重興家業的一萬五千兩白銀在一夜之間輸得分文不留。岳父對此氣憤不已，他不想看到自己的女兒跟著這麼一個賭徒受苦受累，於是把羅尚德叫來，告訴他，只要羅尚德把婚約毀了，那一萬五千兩銀子的債就一筆勾銷。血氣方剛的羅尚德難以忍受岳父看輕自己，當眾撕毀了婚約，並發誓今生今世一定要把所借的一萬五千兩銀子還清。

羅尚德背井離鄉，輾轉來到浙江，參加了綠營軍。十幾年來，他想方設法，拼命賺錢，終於積聚了一萬兩，但由於太平軍的興起，綠營軍隨即就要開拔前線，羅尚德不可能把錢隨時帶在身上，他必須找個妥善的地方放置。恰好他聽說了胡雪巖的義名，深感可靠，於是就帶上畢生的血汗錢前往阜康。

一名普通綠營兵竟有一萬兩銀子的積蓄，這不得不叫人對錢的來路產生疑問。加之羅尚德存款四年，不要息，甚至連存摺也不要，只要保本就行，這更令人疑竇四起。店堂的總管不敢輕易做主，深怕錢的來路不明，若因此惹上官司，賠本不說，還會砸了錢莊的招牌。於是，他馬上向胡雪巖報告情況，讓老闆自己拿主意。

胡雪巖聽說這件事後，知道其中必有隱情。他叫上羅尚德到屋裡擺上一碗，酒過三巡，胡雪巖和羅尚德就開始了推心置腹的談話。羅尚德見胡雪巖如此豪爽，果然名不虛傳，便把自己的經歷與想法和盤告訴了胡雪巖。

胡雪巖聽說之後，誠懇地建議羅向德存一萬兩銀子定期。雖然對方不要存款利息，但錢莊按照行規，仍然以兩年定期存款的利息照算，三年之後來取，連本加息一次付給一萬五千兩銀子。另外，兩千兩銀子作為活期存款，如有急事隨時都可以支取。所在這些存銀都要立上存摺，因羅尚德不便攜帶，暫由劉慶生為其代管。

憑這幾句話，羅尚德就為胡雪巖的俠義氣概所征服，當即決定把錢存放在阜康錢莊。

若以平常眼光來看，胡雪巖的這一慷慨之舉似乎有點兒失當。然而，它帶來的廣告效應馬上就顯露出來了。胡雪巖的俠義很快就得到了回報。羅尚德回到綠營軍，把自己到阜康錢莊存款的事告訴了其他士兵，這些即將出征的士兵紛紛把自己的積蓄都存放到胡雪巖的錢莊。短短幾天時間，阜康錢莊就收到了三十多萬兩的存款，一下子就解決了錢莊新開業、家底不厚的問題。

在商業競爭活動中，贏得廣大顧客的信賴，贏得廣大的客源及市場佔有率，是一個企業得以存活、進而發展壯大的根本。要想達到這一目標，最有效的手段就是「以虧引賺」。

在現代企業經營中，許多成大事者都具有這種敢於吃一時之虧的精神。他們的睿智，表現在目光長遠上，他們不爲一時利益所限，最終得到了豐厚的回報。

一個青年向一位富翁請教成功之道。富翁拿了三塊大小不等的西瓜放在青年面前說：「如果每塊西瓜代表一定程度的利益，你選哪塊？」

「當然是最大的那塊！」青年毫不猶豫地回答。富翁笑了笑說：「那好，請吧！」

富翁把那塊最大的西瓜遞給了青年，自己則吃起了最小的那塊。

很快，富翁就吃完了，隨後拿起桌上的最後一塊西瓜，得意地在青年面前晃了晃，大口吃了起來。

青年馬上明白了富翁的意思：富翁吃的瓜雖然不比自己的瓜大，卻比自己吃得多。這樣算下來，顯然富翁占的利益更多。

做企業就像吃西瓜，要想使一個企業有大的發展，管理者就要有戰略眼光，要學會放棄，只有放棄眼前的誘惑，才能獲得長遠的利益。胡雪巖的「以虧引賺」是一個屢試不爽的商用奇謀，明著看似吃虧，暗裡實則賺大便宜。

·第三課·

先交朋友，後做生意

胡雪巖語錄

生意場上有了朋友，自會如虎添翼；生意場上沒朋友，絕對寸步難行。

壹 人心要齊，人緣要好

在現代商業社會，要生存發展，就必須具有較強的競爭力。人與人之間的競爭不僅包括才能、素質等方面，還與人際關係有著重要的關聯。有好的人緣，做起生意來就會得到眾人的支持，在與對手的競爭中也會處於優勢地位；而人緣差的話，遇到困難的時候就得不到幫助，甚至還會有人乘機落井下石。所以說，人緣是評估一個人競爭力大小的標準。人緣越好，在商場上的競爭力就越強。

胡雪巖的成功，與他的好人緣也有著極爲重要的關係。

胡雪巖有一些可以生死相托的才智之士鼎力相助。比如古應春，能講一口流利的洋文，加上每日在洋人和國人之間打交道，對洋人的脾性、趣味、習慣、做生意的方式都了然於心，混跡於十里洋場如魚得水。

更難得的是，他對政治、經濟十分敏感，經常向胡雪巖提出忠告，影響了胡雪巖的一些重要決策。例如，左宗棠和李鴻章之間的矛盾，必將對胡雪巖的生意產生影響，古應春能及時地察覺且不失時機地向胡雪巖做出提醒。沒有古應春忠心耿耿地全力支持，胡雪巖在上海的生意，例如與洋人的絲茶交易，絕不會發展得那樣迅速。

比如尤五，松江漕幫實際上的當家人。幾十年幫會道上的風風雨雨，使他練就了一身看事敏銳、處事周到、待人接物左右逢源的本事。手握漕幫勢力，松江至上海一路，胡雪巖可以通行無阻；尤五還重義氣、講信用，受人之託必忠人之事。比如，胡雪巖在杭州被圍時冒死出城到上海買糧，從買糧到向沙船幫求助運輸，都是尤五一人承辦。

為辦成事，尤五甚至向素來是對頭的沙船幫低頭。沒有尤五和他的漕幫勢力的幫助，胡雪巖的生意也不可能發展得這麼順利。

再比如劉慶生，阜康錢莊的第一任「擋手」。劉慶生起先雖然只是大源錢莊一個站櫃臺的夥計，但得胡雪巖賞識重用，很快便脫穎而出，且得胡雪巖「真傳」，處事機巧。

在胡雪巖創業之初，他為胡雪巖獨當一面，料理阜康錢莊的生意，胡雪巖幾乎可以完全做個甩手掌櫃。這對胡雪巖生意的發展也起到了十分重要的作用。沒有劉慶生的獨當一面，胡雪巖就不可能在錢莊開辦之初騰出手來開創他的絲茶、軍火等生意。

正如胡雪巖所說，做生意第一要齊心，第二要有人緣。齊心是對自己商號內部而言，商號內部上上下下的幫手、夥計都能一條心，都能懷著共同的意志和願望，爲了一個共同的目標——把每一個人的飯碗連在一起，使商號興旺發達而共同努力。而有人緣，就是要有廣泛的人脈。

胡雪巖強調朋友的重要並不與其利益第一的原則悖反。相反，只有兩者完美結合，才能真正成就心中的宏圖霸業。所以，結交朋友，絕對要以誠相待。這絕不是金錢所能交換的。

比如，在錢莊生意上，胡雪巖就得到了信和錢莊的大力支持。他的阜康錢莊的開辦啓動資本，實際上就有來自信和錢莊的長期借款。在生絲生意上，他得到了絲商大戶龐二的支持。沒有龐二作爲後盾，胡雪巖也不可能一進入生絲銷洋莊就開始壟斷市場，控制價格的運作……胡雪巖的每行生意都有極好的合作夥伴，而幾乎他的每一個合作夥伴都曾對他的事業鼎力相助過。

商業經營需要良好的外部環境以及同行同業的相互配合和鼎力支持。在同行同業中樹立起良好的自我形象，與同行同業結成良好的生意夥伴關係，即有一個好人緣，生意興旺發達才會有很好的外圍保障。

人們總是習慣在一個人取得成功的時候說：「他的機遇好！」事實上，有時是這樣，有時卻不是這樣。機遇對每個人都是公平的，其中的差別在於每個人的人脈不同。可以說，機遇就是朋友的「潛臺詞」，朋友關係的優劣，直接影響到機遇的多和少。

學歷、金錢、背景、機會……也許這一切你現在還沒有，但是你可以打造一把叩開成功之門的金鑰匙——朋友。在這個朋友決定輸贏的年代，不要奢望自己能像武俠小說中的高手那樣，靠一身武功就能稱霸天下，而應該把自己打造成站在巨人肩膀上的英雄。

齊心與好人緣，是成大事的兩個十分重要的條件，也是一個有大成就的人經營關係網的重點所在。所以，在生意場中用心去交朋友絕對是有必要的，這正是胡雪巖給我們帶來的寶貴啓示！

貳 給予對方充分的尊重

心理學家馬斯洛曾指出，每個人都希望自己的能力和成就得到社會的承認，這就是尊重的需要。它又可分爲內部尊重和外部尊重。內部尊重是指一個人希望在各種不同情境中有實力、能勝任、充滿信心、能獨立自主。換句話說，內部尊重就是人的自尊。外部尊重就是指一個人希望有地位、有威信，受到別人的尊重、信賴和高度評價。

當你讓對方感覺到他非常重要，給了他充分的尊重後，他會感覺很舒適，很容易就接納你，從而幫助你實現你的目標。

胡雪巖也深深懂得這個道理，他用更通俗的話解釋說：「要得到真正的傑出之士，只憑藉錢是不能成事的，關鍵在於『情』『義』二字，要用情來打動他們。」

嵇鶴齡以一個讀書人的身分，而且還是一個有幾分清高的讀書人的身分，與胡雪巖這樣一個只知道「錢眼裡翻跟頭」的商人結為拜把兄弟，就是因為胡雪巖倚重他，且實心實意幫助他，表現出了感人的誠意。

嵇鶴齡書讀得相當不錯，走「大比」之途卻只得了個候補知縣的職銜，很有些懷才不遇。加之嵇鶴齡性格耿介，與浙江官場那些握有生殺大權的官員們格格不入，因此一直遙遙無期地被「候補」著。王有齡得到湖州知府實缺的同時，也得了督撫黃宗漢交辦的另一件難辦的差事：平息新城縣饑民造反。王有齡根據實際情況，確定了以撫代剿的策略，因而需要一個能夠擔當此任的人前往新城。排來排去，這個人非嵇鶴齡莫屬。

但嵇鶴齡不去。嵇鶴齡不合作，一方面是因為妻子新喪，面對無人照看的一雙兒女，他的心情本就十分抑鬱，另一方面他一直候補，全無進項，已經落魄到妻子的喪事都是靠典當衣物、傢俱籌錢料理的，心中一肚子怨氣無處發洩。好事與他無緣，而如此難辦的差事卻想到了他，他就抱定了一個宗旨：即使自己有能力也有把握將這件事情擺平，也絕對不去。

為了幫助王有齡，胡雪巖決定自己出面去說服嵇鶴齡。

那麼，對於嵇鶴齡這樣幾乎油鹽不進而且非常高傲的「怪人」，胡雪巖有什麼高招呢？無非就是「以情動人，收服其心」而已。

胡雪巖首先通過嵇鶴齡唯一一個無話不談的好朋友，外號「酒糊塗」的候補知縣裘豐言，瞭解了嵇鶴齡的詳細境況，思謀了一整套從感情上打動嵇鶴齡的辦法。

首先，動之以情。因為胡雪巖從裘豐言口中得知，嵇鶴齡剛剛喪妻，再加上他平時很高傲，人緣不是太好，因而沒有多少人來弔唁。所以，第二天一大早，胡雪巖自捐官後頭一次穿上全副的七品服飾，找到嵇鶴齡的家，先送上了一張「愚弟胡光墉拜」的名帖。誰知嵇鶴齡竟以「跟胡老爺素昧平生，不敢請見」為由，拒絕見面。

對於嵇鶴齡的態度，胡雪巖早有預料。他的想法是，如果投帖能得以相見，自然最好，就算不能，胡雪巖也還有後手。

只見胡雪巖不慌不忙地往裡走，直入靈堂，一言不發，捧起家人已點燃的線香，畢恭畢敬地行起禮來。這一招確實夠厲害，因為依照禮儀規矩，客人行禮，主人必須還之以禮。嵇鶴齡再不想見，也得出來。只有見了面，胡雪巖才有說服嵇鶴齡的機會。

第二步，既從實處幫人，又給人留臉面。嵇鶴齡一直沒有得到過實缺，加之妻子喪事，生活實在艱難，已靠典當過活，幾乎到了混不下去的地步。胡雪巖幾句恭維和吹捧，把嵇鶴齡的傲氣消滅了一些後，從靴子裡掏出一個信封，遞了過去，說道：「嵇大哥，還有點兒東西，王太守托我面交，完全是一點點敬意。」

「內中何物？」嵇鶴齡臉上露出疑惑的神情。

「放心吧，不是銀票。」胡雪巖一句話就打消了嵇鶴齡的疑惑，隨後又補上一句，「幾張無用的廢紙而已」。

這句話引起了嵇鶴齡的好奇心。他撕開封套一看，裡面是一疊借據，有向錢莊借的，有裘豐言為他代借的，上面或者蓋著「註銷」的印記，或者寫著「作廢」二字。

就在嵇鶴齡不知說什麼的時候，胡雪巖把他送到當鋪的東西全都贖了出來，連同登出的票據一同交給嵇家，使嵇鶴齡沒理由拒絕。

胡雪巖知道嵇鶴齡有一種讀書人的清高，而且窮要「面子」，是絕不肯無端接受自己的饋贈的。他為嵇鶴齡贖回當物，用的是嵇鶴齡自己的名義，既為他解決了困難，也為他保住了「面子」，這就不能不使嵇鶴齡對胡雪巖刮目相看，產生了初步的好感。

胡雪巖的做法，其實也就是我們今天常常說的做工作要動之以情。動之以情，要人相信你的情是真的，自然要示之以誠。

事實上，胡雪巖如此相待嵇鶴齡，不僅是爲了說服他而做出的行爲，在胡雪巖的心裡，確實有真心佩服嵇鶴齡而誠心想要結識他的願望。因爲胡雪巖雖是一介商人，但也時常爲自己讀書不多而遺憾，因此十分敬重有真學問的讀書人。從這一角度看，胡雪巖對於嵇鶴齡的真誠是不容懷疑的。

後來爲了解決嵇鶴齡的困難，胡雪巖還親自作主，將王有齡夫人的貼身丫鬟嫁給了嵇鶴齡。他們兩個人也結下了金蘭之好。

每個人的心裡都希望別人尊重自己，感覺到自己的重要性。人最在乎的就是別人是否看重自己，是否感覺到自己很重要。如果在有求於人或者與人溝通的時候，懂得在無形之間讓對方感覺到自己的重要性，那麼，對於對方而言，他就會覺得自己受到了尊重，談起事情來也會順利很多。

在大選來臨之前，英國政治家瑪格麗特・柴契爾夫人所在的保守黨面臨著一個難題——如何制止頹勢？柴契爾夫人的解決辦法令人效法，她說：「我們只有一個辦法，走出去，到選民中去，這樣就會最終獲勝。」

保守黨的工作人員認為，和柴契爾夫人在一起搞競選實在很累，因為她總是在大街上東奔西跑、走家串戶。一會兒在這家坐會兒，同房東交談；一會兒又同哪個人握握手，或問長問短；一會兒又到商店詢問價格。

大部分時間，她都是帶著秘書戴安娜跑來跑去。午飯時，她們就到小酒店和新聞發言人羅伊・蘭斯頓以及委員會的其他成員一起喝啤酒。然後，她又去握更多人的手，參加集會，作演說，接見更多的人。就這樣，柴契爾夫人身體力行地贏得了越來越多的擁護者，為競選打下了堅實的群眾基礎。

柴契爾夫人之所以能在大選中獲得最終的勝利，就是因爲她敏銳地捕捉到了尊重他人的重要性，尤其是對選舉至關重要的普通選民。她運用了一種最有利的方式來獲取他人對她表示善意和支持的態度，同時還把政治領袖和普通民眾的隔閡消除了，使自己的形象在他人心中更人性化。

從心理學的角度來說，柴契爾夫人的這種做法含有一種親善心理，讓人體會到了她的平易近人與和善。這自然能引起人們的愛戴和擁護，因爲，她人性化的形象消除了人與人之間的心理隔閡，使人與人之間變得更親近，更便於交流。

對朋友進行感情投資，在商場中的作用最是明顯。正因爲商場是一個唯利是圖的世界，所以商人最需要的恰恰不是金錢，而是極爲稀缺的感情投資。它不僅能讓商者贏得朋友，更重要的是，它能幫商者贏得更多的財富！

雪中送炭勝過錦上添花

一般說來，對別人的幫助要恰到好處，更要落到實處。人們常用「兩肋插刀」來形容朋友之間的深情厚誼，當朋友有難時，能夠不顧一切地去幫助他，才是真正的幫助。

幫助別人也是有技巧的，就好比路邊一位找不到方向的盲人，他只是需要你伸

出關愛之手幫他弄清楚方向，或帶他走一段路，而不是要你告訴他在哪兒可以坐公車。所謂「千里送鵝毛，禮輕人意重」，說的就是這個道理。通常，人們更重視雪中送炭，而非錦上添花。

人的一生不可能總是一帆風順，難免會碰到失利受挫或面臨困境的情況，這時最需要的就是別人的幫助，這種雪中送炭般的幫助會讓人銘記一生。胡雪巖就是這樣做的。

寶森因為政績平庸，被當時的四川巡撫丁寶楨以「才堪大用」的奏摺，借朝廷之手請出了四川。寶森閒居在京，每日呼朋喚友，吟酒品茶泡賭場，表面上很是悠閒，其實心中甚感落寞。胡雪巖特意拜訪他，勸說他到上海一遊，費用全部由胡雪巖包了。

寶森因為旗人身分限制，在京玩得實在不過癮，就隨著胡雪巖去遊上海、逛杭州，猜拳狎妓，遊山玩水，甚是痛快。漸漸地，寶森把胡雪巖視為密友，以後每遇大事，必自告奮勇，幫助胡雪巖在京城通融一番。

阜康錢莊剛開業，胡雪巖就遇到了一件事：浙江藩司麟桂捎了個信來，想找阜康錢莊暫借兩萬兩銀子，胡雪巖對麟桂也只是聽說而已，平時沒有交往，加上他聽官府裡的知情人士說，麟桂馬上就要調離浙江，這次借錢很可能是用於填補他在財政上的空缺。而此時的阜康錢莊剛剛開業，包括同業慶賀送來的「堆花」，也不過只有四萬現銀。

這一下讓胡雪巖陷入了左右為難之中。如果借了，麟桂一跑，豈不是拿錢往水裡扔？即使對方不賴賬，像胡雪巖這樣的人，也不可能天天跑到官府去逼債。但兩萬兩銀子，對當時的阜康錢莊來說，實在不是小數目。

俗話說，人在人情在，人去人情壞。一般錢莊的普通老闆大約會打馬虎眼，陽奉陰違一番，四兩撥千斤，幾句空話應付過去，不是「小號本小利薄，無力擔此大任」，就是「創業未久，根基浮動，委實調度不動」，或者，就算肯出錢救麟桂之急，也是利上加利，必要將他剝掉幾層皮。

但胡雪巖的想法卻是：假如在對方困難的時候幫著解了圍，對方自然不會忘記，到時利用對方手中的權勢，行個方便，何愁兩萬兩銀子拿不回來？據知情人講，麟桂這個人不是那種欠債不還、死皮賴臉的人，只是現在要調任，不想把財政空缺的把柄授之於人，影響他仕途的發展，所以急需一筆錢來解決問題。

想明白後，胡雪巖決定「雪中送炭」。他不惜動用錢莊的「堆花」款項，以超低利率，悉數把錢貸給了麟桂。

胡雪巖這一寶，算是押對了。麟桂臨走前，送了阜康錢莊三樣禮物：

其一，找到名目，請朝廷戶部明令褒揚阜康錢莊。這等於是浙江省政府請中央財政部發個正字標記給阜康錢莊，不但在浙江提高了阜康錢莊名聲，將來京裡戶部和浙江省之間的公款往來，也委託阜康錢莊辦理匯兌。

其二，浙江省額外增收，支援江蘇省剿滅太平天國的「協餉」也委由阜康錢莊辦理匯兌。

其三，將來江蘇省與浙江省公款往來，也由阜康錢莊經手。

這使得胡雪巖的阜康錢莊不僅不愁沒有生意做，還將生意做到了上海和江蘇。「雪中送炭」的利益回報，一下就顯出來了。

胡雪巖善於「拉攏」一些失意的官僚文人充當謀士，頗有孟嘗君遺風，許乃釗也是其中的一位。

胡雪巖對許乃釗執禮甚恭，在許乃釗失意時，專門去函，盛讚他的政績政聲，然後傾訴浙江民眾疾苦以及當時面臨的各種窘境，表現出虛心求教的樣子。許乃釗為其所感，真誠地為其服務。又比如落魄文人裘豐言，胡雪巖遇節必送禮金，使裘豐言十分感激。正因為如此，時人盛讚胡雪巖有春秋名士風度。

每個人生活在這個世上，都不可能不求人，也不可能沒有受人幫助之時。所以，你也要時時幫助他人。幫助他人的時候，請記住一條規則：救人一定要救急。

其中的道理很簡單：當他人有求於你時，說明他正等待著別人來相助，如果你應允了，那就必須及時相助。如果他人沒有應急之事，就不會向你求助，因爲一般人都不大願意求人。可是事情到了緊要關頭，不求人就毫無辦法，甚至會失去生存能力，那怎麼辦呢？一旦你答應幫助他人，他心存感激之餘當然會把希望完全寄託在你的身上，如果你最後幫得不及時或者沒有去幫，不僅得不到對方的感激，還會招來怨恨。

在生活中，錦上添花固然好，但錦上添花不如雪中送炭。當他人口乾舌燥之時，你奉上一杯清水勝過九天甘露；大雨過後，天氣放晴，再送他人雨傘，沒有絲毫意義。所以，我們在幫助別人時一定要注意這些。

在三國爭霸之前，周瑜在官場上並不得意。他曾在軍閥袁術部下為官，被袁術任命為居巢長，一個小縣的縣令。

當時，地方上發生了饑荒，年成已壞，兵亂間又損失很多，糧食問題日漸嚴峻起來。居巢的百姓沒有糧食吃，就吃樹皮、草根，很多人被活活餓死，軍隊也餓得失去了戰鬥力。周瑜作為地方的父母官，看到這悲慘情形急得心慌意亂，卻不知如何是好。

有人給他獻計，說附近有個樂善好施的財主叫魯肅，他家素來富裕，想必一定囤積了不少糧食，不如去向他借。於是，周瑜帶上人馬登門拜訪魯肅，寒暄完畢，周瑜就開門見山地說：「不瞞老兄，小弟此次造訪，是想借點兒糧食。」

魯肅一看周瑜豐神俊朗、才華橫溢，日後必成大器，頓生愛才之心。他根本不在乎周瑜現在只是個小小的居巢長，哈哈大笑說：「此乃區區小事，我答應就是。」

魯肅親自帶著周瑜去查看糧倉，這時魯家存有兩倉糧食，各三千斛，魯肅痛快地說：「也別提什麼借不借的，我把其中一倉送與你好了。」周瑜及其手下一聽他如此慷慨大方，都愣住了。要知道，在這饑荒之年，糧食就是生命！周瑜被魯肅的言行深深感動了，兩人當下就結為了朋友。

後來，周瑜真的像魯肅想的那樣當上了將軍，周瑜牢記魯肅的恩德，將魯肅推薦給孫權，魯肅終於得到了成就大事業的機會。

魯肅在周瑜最需要糧食的時候送給了周瑜一倉，這就是所說的雪中送炭。可見，瀕臨餓死時得到一根蘿蔔和富貴時得到一座金山，就其內心感受來說是完全不一樣的。我們要做的，不是在別人富有時送他一座金山，而是在他落難時，送他一杯水、一碗麵、一盆火。

雪中送炭，才能顯示出人性的偉大，才能顯示出友誼的深厚。因此，如果你認爲對方是個人才，就該乘時結交，多多交往；或者乘機進以忠告，幫其分析失敗的原因，勉勵其改過遷善；如果自己有能力，則更應給予他人需要的協助，而且，不要等對方開口，要隨時採取主動。

有時對方很急著需要他人的幫助，卻不肯明言，或故意表示無此急需，你如果得知情況，更應盡力幫忙，並且不能有絲毫得意的樣子，要一面使對方感覺受之有愧，一面又使對方有獲得知己之感。寸金之遇，一飯之恩，可以使對方終生銘記，日後你如有所需，對方必奮身圖報。即使你無所需，對方若非池中物，一朝翻身，也絕不會忘了你這個知己。

「人情賬」永遠比「錢財賬」重要

錢財賬背後的人情向來比錢財更重要。胡雪巖不僅認識到這一點，也受益於這一點。當年王有齡落魄時，胡雪巖冒著錢打水漂的風險，給王有齡送去五百兩銀子，後來王有齡發跡了，不僅還掉了五百兩銀子，還還了胡雪巖一份人情，這份人情成了胡雪巖創業的資本。

但是當「錢財賬」與「人情賬」互爲消減的時候，胡雪巖向來是將後者作爲首要考慮的對象，他寧可捨去錢財，做個人情。

為了能做成「洋莊」，胡雪巖在「收買人心」、「拉攏同業」、控制市場、壟斷價格方面可謂絞盡腦汁、精心籌劃。他費盡心機周旋於官府勢力、漕幫首領和外商買辦之間，同時與洋人、和自己同一戰壕中心術不正者，如朱福年之流鬥智鬥勇，實在是冒了極大的風險，終於做成了他的第一樁銷洋莊的生絲生意，賺了十八萬兩銀子。

然而，因為合夥人太多，開支太大，與合夥人分了紅利，付出各處利息，做好必要的打點之外，不僅分文不剩，原先的債務也沒能清償，而且還造成了

一萬多兩銀子的虧空，甚至連賬面上的「虛好看」都沒有，等於是白忙一場。儘管如此，胡雪巖除了初算賬時有過短暫的不快之外，很快就釋然了。而且，他果斷決定，即使一兩銀子不賺，也該分的分，該付的付，絕不能虧待了朋友。

從這分、付之間，胡雪巖獲得的效益實在是太大了，這不僅使合作夥伴及朋友們看到了在這樁生意的運作中胡雪巖顯示出來的足以服眾的才能，更讓朋友們看到了胡雪巖重朋友情分，可以同患難、共安樂的義氣。

且不說這樁生意使胡雪巖積累了與洋人打交道的經驗，和外商取得了聯繫並有了初步的溝通，為他後來馳騁十里洋場和外商做軍火生意以及借貸外資等打下了基礎，同時，通過這樁生意，胡雪巖與絲商巨頭龐二結成了牢固的合作夥伴關係，建立了胡雪巖在蠶絲經營行當中的地位，為胡雪巖以後有效地聯合同業控制並操縱蠶絲市場創造了必不可少的條件。

重朋友情分的義氣，使胡雪巖得到了如漕幫首領尤五、洋商買辦古應春、湖州「戶書」郁四等可以真正以死相托的朋友和幫手，其「收益」實在不可以用金錢的價值來衡量。可以說，胡雪巖的所有大宗生意，都是在朋友的幫助下做成的。

在很多筆生意上，胡雪巖的「錢財賬」虧了，「人情賬」卻大大地賺了。而前者的數目是有限的，後者卻能給他帶來無盡的機會與錢財。

要想人愛己，先要己愛人。無論是誰，都應時刻存著樂善好施、成人之美的心思，這樣能爲自己多儲存些人情的債權。這就如同一個人爲防不測，需養成儲蓄的習慣，這樣做甚至能讓子孫後代得到好處。我們常說「前世修來的福分」，胡雪巖也許並沒有想到那麼遠，但又確實得來了實實在在的福分。

究竟應該怎樣去儲蓄人情，並無一定之規。

對於一個身陷困境的窮人來說，一枚銅板的幫助也許能使他挨過極度的饑餓和困苦，或許還能幹一番事業，闖出自己富有的天下。

對於一個執迷不悟的浪子來說，一次促膝交心的談話可能會使他建立做人的尊嚴和自信，使他在懸崖前勒馬之後奔馳於希望的原野，成爲一名勇士。

即使是在平常的日子裡，對一個正直的舉動送去一縷可信的眼神，這一眼神也會成爲正義強大的動力；對一種新穎的見解報以一陣贊同的掌聲，這一掌聲就是對革新思想的巨大支持。

不要小看對一個失意的人說一句暖心的話，對一個將倒的人輕輕扶一把，對一個無望的人賦予真摯的信任。也許自己什麼都沒失去，而對一個需要幫助的人來說，你的些許付出就能讓他醒悟，就是支持，就是寬慰。

 將心比心，患難見知交

胡雪巖身邊的人都知道，他對朋友不分你我，將心比心。他總會將朋友的事當成自己的事來做，急人之所急。

胡雪巖和王有齡的友誼很好地說明了這一點。

當年，錢莊老闆震怒胡雪巖自作主張把店裡的錢拿去給王有齡做人情，不只給錢莊帶來了損失，也在店員中樹起一個惡例。儘管胡雪巖坦言相告，但並不能保證其他店員不跟胡雪巖學類似的轉手把戲，長此以往，錢莊還怎麼經營？

同行和熟人那裡也有人私下議論，大家都不相信以胡雪巖的精幹，會做出這樣損己利人的事。所以對胡雪巖的坦言不但不信，反且覺得搞不好是他自己狂嫖濫賭，欠下一屁股債，實在沒辦法了，就挪用款項，接著編造出一個「英

雄贈金」的故事來。

總而言之，就是不能再用這種人了。不但原店不能用，同行也不能用，同業中雖都知胡雪巖是一把好手，但是惡名一傳，別人想用也不敢用。就這樣，胡雪巖在杭州已無立足之地，最後只好離開杭州，流落到上海。

胡雪巖到上海後，生計窘迫，只好去做苦力，每日以燒餅白開水充饑，艱難時只得把自己的袍子也送進了當鋪。

他一度求職無門，最後回到杭州，托人介紹他到妓院去給別人掃地挑水。但是他沒有絲毫埋怨，他相信王有齡不會忘記他，後來的事實證明果然如此。

當太平軍進攻浙江，杭州告急，地方官吏大多逃的逃、走的走，唯獨王有齡留了下來，一方面率眾守城，另一方面又四面求援，做好了與百姓共存亡的打算。無奈城中少兵缺糧，特派胡雪巖突圍出城去上海購糧回援。

王有齡跟胡雪巖是至交，危難之際，受到重托，胡雪巖對肩負的責任了然於心，一路謹小慎微，幾經周折終於到達上海。杭州城民不聊生，上海卻燈紅酒綠，胡雪巖來不及感嘆，直奔好友古應春夫婦家，迫切要辦購糧的事。

見到這個衣衫襤褸、皮黃骨瘦、頭髮蓬亂還一跛一拐的人，古應春夫婦一時間竟沒認出來。得知胡雪巖此行的目的，古應春夫婦一邊悉心照料，一邊幫他想辦法。胡雪巖則一邊靜心養傷，一邊安排購買米糧。

由於現金充足，糧食很快辦妥，只是在烽火連天的戰事階段，運送糧食是一個高風險的差事，加上這些糧食又是幫助王有齡對抗太平軍的，太平軍一定不會放行，弄不好會把性命搭進去，所以，尋找運輸船隻成了最大的難題。

胡雪巖心繫杭州城百姓的安危，自然不肯輕易放棄，執意前往。古應春夫婦都不同意胡雪巖的冒險行為，因為他此去根本就沒辦法把糧食運送進城，即使能送進去，也只是杯水車薪，無濟於事。加上胡雪巖的家人在上海，他還沒見過面，正好一家團聚，同時古應春夫婦還以胡雪巖可以幫助王有齡宣揚功勞等為由，勸胡雪巖待在上海。

雖說留下來對雙方都有好處，但胡雪巖是個一言既出駟馬難追的人，要他置王有齡於不顧，他是萬萬做不到的。最後，為了找到運輸船，他竟然向自己的好朋友尤五下跪。尤五深受感動，也放下面子向自己的冤家——專做海運工作的郁四妥協。在郁四的幫助下，胡雪巖成功雇到了一支洋人的艦隊運送糧食。

就這樣，胡雪巖上路了，帶著朋友的囑託，毅然前行。

危難之際，胡雪巖能把朋友的利益放在第一位，不忘百姓的安危，實在值得我們學習。

危難之中見真情，這是王有齡的福分。真正的朋友，在你最困難的時候一定會挺身而出，死心塌地幫助你。

一八三一年，波蘭作曲家蕭邦流亡到法國巴黎定居。年輕的蕭邦雖然才華出眾，卻無施展之地，為求生計，只得以教書為生，處境甚為落魄。

一個偶然的機會，蕭邦結識了鼎鼎大名的匈牙利鋼琴家李斯特。兩人一見如故，大有相見恨晚之感。當時的李斯特在巴黎上流文藝沙龍中已是聞名遐邇的驕子，可他對默默無聞但才華橫溢的蕭邦大為讚賞。他不想讓蕭邦的才華被埋沒，因此總是設法幫助蕭邦。面對英雄無用武之地的蕭邦，李斯特終於想出了一個好辦法。

這一天，巴黎街頭廣告登出了鋼琴大師李斯特舉行個人演奏會的消息，劇場門口人頭攢動，門票一售而空。等到演奏會開始時，紫紅色的帷幕徐徐拉開，燈光下，風度翩翩的李斯特身著燕尾服朝觀眾致意，台下掌聲雷動，李斯特朝觀眾行禮後，轉身坐在鋼琴前，擺好演奏姿勢。燈熄了，劇場內一片寂靜，人們屏息靜氣地閉上眼睛，準備聆聽美好的音樂。

琴聲響了，咚咚的琴聲時而如高山流水，時而如夜鶯啼鳴；時而如訴如泣，時而如歌如舞；琴聲激昂時，劇場內便響起掌聲；琴聲悲切時，劇場內又響起抽泣聲……觀眾完全被那美妙的音樂征服了。

演奏結束，人們跳起來，興奮地高喊：「李斯特！李斯特！」可燈一亮，大家都傻了，舞臺上坐著的根本不是李斯特，而是一位眼中閃著淚花的陌生年輕人。

他就是蕭邦。人們大為驚愕！

原來，那時有個規矩，演奏鋼琴要把劇場的燈熄滅，以便觀眾能夠聚精會神地聽演奏。李斯特便利用這個空子，讓蕭邦過來代替自己演奏。

當觀眾明白剛才的演奏竟出自面前這位年輕人之手後，立即變驚愕為驚喜。劇場內，掌聲四起，鮮花一束束地朝臺上「飛去」。就這樣，一位偉大的鋼琴演奏家出現在了世人眼前。

若是沒有李斯特的引薦，蕭邦的才華也許不會被埋沒，但肯定不會那麼早被人們發現。面對有可能成為自己競爭對手的蕭邦，李斯特並沒有嫉妒賢能，而是甘當伯樂，給蕭邦提供一個施展才華的舞臺。

愛默生說：「人生最美好的事情，就是別人在你的幫助下獲得了成功。」患難見知交，朋友是我們生命中寶貴的財富。對別人的幫助，其實就是一種對情感的投資。也許一次微不足道的善行，便可能將一個人的命運改變。在成就別人的同時，

第四課

別人的財力，是你成功的鑰匙

胡雪巖語錄

把別人的錢和別人的努力結合起來，
再加上你自己的夢想和一套奇特而行之有效的方法，
結果是，在你自己的眼裡，不過是借別人的雞下了個蛋，
然而，世人卻認為你出奇制勝，大獲成功。

壹 借別人的錢，做自己的生意

法國著名作家小仲馬在他的劇本《金錢問題》中說過這樣一句話：「商業，這是十分簡單的事。它就是借用別人的資金！」

借別人的錢來做自己的生意，對於那些白手起家的人來說，這是最快速的賺錢方法。因為創業時，需要有一定的資金，才能使自己的事業有效地運轉起來。不論是多麼好的目標、設想和計畫，如果沒有一定的經濟力量作為支撐，只能是紙上談兵。所以，人們才會說「資金是維繫事業生命的血液」。

胡雪巖作為一位商人，十分懂得借別人的錢做自己的生意。

胡雪巖要開自己的錢莊時，對外號稱擁有本錢二十萬兩，事實上，當時的胡雪巖真正是身無分文。雖然王有齡已回浙江任海運局坐辦，但除了讓胡雪巖有一點兒官場勢力之外，銀錢方面王有齡根本沒法幫他多少。而胡雪巖的錢莊要想開辦得有點兒樣子，至少需要五萬兩銀子。

雖然資金不足，但胡雪巖依然要把自己的錢莊開起來，在他看來，只要弄幾千兩銀子，先把場面撐起來，錢莊的本錢不成問題。胡雪巖有這樣的把握，是因為當時他心中已有了自己的「成算」，這「成算」就是所謂的「借雞生蛋」。

所謂「借雞生蛋」，說穿了，就是拿別人的銀子做自己的生意。當時的胡雪巖想到了兩條「借雞」的管道。一條管道是信和錢莊墊支給浙江海運局支付漕米的二十萬兩銀子。王有齡一上任，就遇到了解運漕米的麻煩，要順利完成這樁公事，需要二十萬兩銀子。胡雪巖與王有齡商議，建議讓信和先墊支這二十萬，由胡雪巖去和信和協商。

這在信和自然也是求之不得的事。一來，王有齡回到杭州，為胡雪巖洗清了名聲，信和「大夥」張胖子正巴結著胡雪巖；二來，信和也正希望與海運局接上關係，一方面海運局是大主顧，為海運局代理公款往來一定有大賺頭，另一方面，也是極其重要的一方面，海運局是官方機構，能夠代理海運局公款匯劃，在上海的同行中必然會被刮目相看。

聲譽信用就是票號錢莊的資本，能不能賺錢倒在其次。有這兩條，這筆借款當然一談就成。本來海運局借支這二十萬兩只是短期應急，但胡雪巖要辦成長期的，他打算移花接木，借信和的本錢，開自己的錢莊。

胡雪巖「借雞生蛋」的第二個管道，則是一個更為長遠的管道，那就是借助王有齡在官場上的勢力，代理公庫。

胡雪巖預料到王有齡不會長期待在浙江海運局坐辦的位置上，一定會外放州縣，到時候，他可以代理王有齡所任州縣的公庫。依慣例，道庫、縣庫公款往來不付利息，相當於白借公家的銀子開自己的錢莊。他把自己的錢莊先開起來，當時雖然大體只是一個空架子，但一旦王有齡外放州縣，州縣公庫必須由自己的錢莊來代理，那時解省公款源源而來，空的也就變成實的了。

就這樣，胡雪巖憑藉王有齡的關係，從海運局公款中挪借了五千兩銀子，在與王有齡商量開錢莊事宜的第二天，就開始延攬人才，租買鋪面，把自己的錢莊轟轟烈烈地開了起來。

而在胡雪巖打算開胡慶餘堂的時候，管理的人找到了，藥方也找到了，給藥店打廣告的方法也找到了，卻缺少資金，怎麼辦呢？胡雪巖就想到了一招，借雞生蛋，但是，借誰的呢？這時，胡雪巖把目光瞄準了黃宗漢。

黃宗漢做了幾年江浙巡撫，貪污受賄了不少銀子，胡雪巖想讓黃宗漢在胡慶餘堂入股。因為，在當時那種兵荒馬亂的時代，開藥店肯定只賺不賠，同時又能夠得到濟世救人的好名聲。黃宗漢本來就是一個貪錢貪名的人，一聽胡雪巖說有錢可賺，又能夠得到好名聲，自己有的是銀子，那為什麼不入股呢？於是，黃宗漢在胡慶餘堂一下就入了兩萬兩銀子的股，這對於胡慶餘堂來說，真是雪中送炭的一筆錢。

不僅胡慶餘堂，胡雪巖的典當業也是在兩手空空的情況下開辦起來的。蘇州城是全國有名的富庶之地，當太平軍快打到蘇州的時候，蘇州城的那些富人們紛紛攜妻帶子地去上海避難。儘管他們的房產、田產帶不動，但是那些現銀是可以帶走的，於是，一車車的銀子運到了上海。胡雪巖得知這一訊息後，便有意地去結識那些富人，一來二去混熟了之後，胡雪巖就「算計」上了他們的銀子。

胡雪巖建議那些富人把那些現銀存入他的阜康錢莊，這樣既保險，又能夠得到利息，何樂而不為呢？

在利息的誘惑下，這些富人紛紛把錢存入了阜康錢莊，胡雪巖共得現銀二十多萬兩。這可把胡雪巖給高興極了，有了這二十多萬兩的現銀，典當行可以開好幾家了。

胡雪巖很多時候是借別人的錢，做自己的生意。丹尼爾・洛維洛也是從一個身無分文的窮光蛋，通過借別人的錢而變成了人人矚目的大富翁。

一九三七年，丹尼爾·洛維洛來到紐約，想向銀行貸款把一艘船買下來，改裝成油輪。當銀行的人問他有什麼可做抵押時，丹尼爾將自己的打算告訴了對方。他說，他把油輪租給一家石油公司，每個月收到的租金正好可每月分期還他要借的這筆款子，所以，他建議把租契交給銀行，由銀行定期向那家石油公司收租金，就當是他在分期還款。這種做法似乎有些荒唐，但實際上，它對銀行是相對保險的。

最後，錢順利轉到了丹尼爾的手中。丹尼爾·洛維洛用這筆錢買了他要的舊貨輪，改為油輪租了出去，然後再利用油輪去借另一筆款子，再去買一艘船。如此幾年後，每當一筆債付清了。

丹尼爾就成了某條船的主人，租金不再被銀行拿去，而是放進他自己的口袋裡。就這樣，丹尼爾·洛維洛沒掏一分錢，便擁有了一支船隊，並贏得了一筆可觀的財富。

不久，又一個利用借錢來賺錢的方法在他腦海裡形成。丹尼爾·洛維洛設計一艘油輪，或其他有特殊用途的船，在還沒有開工建造時，丹尼爾·洛維洛就找到客戶，將船租出去，然後拿著租約，跑到銀行去借錢造船。

這種借款採用延期分攤還的方式，銀行要在船下水之後才能開始收錢。船一下水，租費就可轉讓給銀行。於是，這項貸款就以上面所說的方式付清了，最後，等待交款完畢，丹尼爾・洛維洛就以船主的身分將船開走，但他一分錢都沒花。

幾年下來，丹尼爾・洛維洛成了真正的船王，連歐納西斯和尼亞斯兩位大名鼎鼎的希臘船王也甘拜下風。

在現實生活中，總是有許多經營者前怕狼後怕虎，不敢借貸，不願舉債，從而錯過了許多發家致富的機會。在現代市場經濟中，不要沉湎於「既無內債，又無外債」的小本經營的心理狀態中，要敢於借貸、善於用貸、巧於用貸、會用別人的錢發財，這樣的創業者才是高明的經營者。

 借別人的口，做自己的品牌

胡雪巖認爲：如果自己不好意思說「老王賣瓜，自賣自誇」的話，那就借助別人的口來實現自己的目的吧。

阜康錢莊成立之後，王有齡被任命為湖州知府，但是王有齡又不想丟了海運局這一個肥缺，於是，胡雪巖就以一萬兩銀子的代價，讓巡撫黃宗漢答應讓王有齡兼任海運局坐辦一職。本來這張一萬兩銀子的銀票交給一家錢莊匯給黃宗漢就行了，但是胡雪巖卻想借助這一萬銀子的銀票來擴大阜康錢莊的聲譽，並抬高助手劉慶生的地位。

在浙江省內，巡撫是最大的人物，若讓人知道劉慶生居然能把巡撫大人這樣的主顧拉到手，同行還會有誰敢小看他。到時不只劉慶生，就是阜康錢莊也會受到人們的猜測：阜康錢莊剛剛成立，就能擁有巡撫大人這樣的主顧，是不是阜康與巡撫大人有什麼關係？這樣的猜測越多，對阜康錢莊就越有利。

等胡雪巖說明了自己的意思，劉慶生高興得不得了，畢竟這是東家對自己的信任，要不然也不會讓自己去辦這樣的事情，所以劉慶生在心裡想著一定要把這件事辦好。

劉慶生穿戴一新，雇了一乘小轎，來到自己原來當夥計的大源錢莊。大源的夥計無不注目，以為來了什麼大主顧，誰知等轎簾打開，卻是劉慶生，個個訝然，心裡不免妒忌和羨慕。劉慶生雖然略有些窘態，但他天生一張笑臉，所以大家也都不好意思去挖苦他。

見了擋手孫德慶，稍稍寒暄之後，劉慶生直入正題：「我有筆款子，想托大源匯到京裡，匯到『日昌升』好了。這家票號與戶部有往來，比較方便。」

「多少兩？」孫德慶問道，「是捐官的銀子？」

「不是。是黃撫台報效的款子，紋銀一萬兩。」

聽說是巡撫大人的款子，孫德慶的表情馬上就不同了，「咦！」他驚異地叫出了聲，「慶生，你的本事真不小，撫台的錢都搭上了。」

「我哪裡有這樣的本事？另外有人托我的。」

「哪個？」

劉慶生故意笑笑不說，賣個關子，讓孫德慶自己去猜，也知道他一定一猜便著，偏要叫他自己說出來才夠味兒。

「莫非是你東家？」

「正是。」劉慶生看著他，慢慢地點頭，好像在說這下你知道胡雪巖的厲害了吧。

孫德慶帶著困惑和羨慕的表情，把銀票拿出去交給櫃上去辦理匯劃手續，隨即又走進來問道：「你們那家號子，招牌定了沒有？」

「定了，叫『阜康』。」

「阜康！」孫德慶把身子湊了過來，很神秘地問道，「阜康有黃撫台的股子？」

劉慶生故作神秘地答道：「我不曉得，想來不會吧，本省的撫台怎麼可以在本省開錢莊？」

「你當然不會曉得，這個內幕……」孫德慶詭秘地笑笑，不再說下去，臉上是那種握有獨得之秘的得意。

等把匯票辦好，劉慶生離開大源，來到胡家，一面交差，一面把孫德慶的猜測據實相告。

胡雪巖得意地笑了，這正是他所要的效果。胡雪巖知道那孫德慶嘴巴快，很快，阜康錢莊的後臺是黃撫台的消息就會傳遍杭州，他充滿信心地對劉慶生說：「讓他們去亂猜，市面『哄』得越大，阜康的生意越好做。」

就這樣簡簡單單，胡雪巖借助孫德慶的嘴，把阜康錢莊的名聲打了出去，杭州城人人都知道阜康錢莊有黃巡撫這樣的靠山，所以，沒有人敢對阜康錢莊的信譽產生懷疑。於是，阜康錢莊收到的是源源不斷的存款。

借他人之口，成自己之事，這是一種借力之學，也是一種成事的方法。因爲很多事憑自己的口說出去，別人沒那麼容易相信，但是通過協力廠商說出去就不一樣了。所以，當我們自己說不出口或者不方便說的時候，就要學會借助別人或者其他的形式說出來。

真正有頭腦的人，都是善於利用輿論來爲自己服務，牢牢地鎖定目標，製造出「非我莫屬」的聲勢。一個人要善於人爲地爲自己製造一些焦點和聲勢，即使有雄心也不要急於行動，而要懂得利用各方面的力量，爲達到自己的真正意圖搖旗吶喊，這樣會達到事半功倍的效果。

 團隊的力量：牡丹雖好，也需綠葉幫襯

俗話說：「獨木難成林。」一棵樹，哪怕它再大、再高，不管是對土地、天空，還是空氣來說，它所起的作用永遠都沒有一片森林的作用大。

如果把一棵樹比作個人，而森林比作團隊，那麼，一個人的力量肯定是比不過一個團隊的。在商場上也是一樣。要是想萬事不求人，肯定成不了大氣候，永遠只能小打小鬧。想要做出一番事業，就得和別人合夥經營，互相幫襯。

胡雪巖是一個人才，不管是錢莊的業務，還是處世、辦事的本事，都是非常人能及的。但是，若只有他胡雪巖一個人，即便他再有本事，再有三頭六臂，也不可能建成一個集錢莊、絲行、典當、軍火、糧食爲一體的商業帝國。而他之所以能成功，靠的就是團隊的力量，靠的就是別人的幫襯。

羅老漢老實忠厚，人緣好，對絲繭較為熟悉，胡雪巖就投資了一千兩聘他當絲行老闆；劉慶生本是一個錢莊站櫃臺的夥計，但人很精明，是可造之才，胡雪巖就讓他當阜康錢莊的擋手；陳世龍是一個類似街頭混混的小青年，還十分好賭，但胡雪巖發現他很機靈，也能管住自己，是個可堪造就的人才，就收他當了夥計，而且還肯下本錢培養他，要把他造就成一個如古應春那樣的人才。

正是這一批十分能幹的幫手為胡雪巖效力，才成就了胡雪巖的偉業。

湖州府衙門的戶房書辦郁四，雖只是一個小吏，但因他在地方經營多年，不僅熟悉當地的風土人情，在地方上有一定影響，而且掌管著徵錢徵糧的「魚鱗冊」。胡雪巖要代理湖州府庫，要在湖州做生絲生意，都要借助郁四的力量。

胡雪巖對郁四施以情利並用的手段，幫郁四處理家務，和郁四聯合做生意，將生絲生意的利潤與郁四分成，以此獲得了郁四的大力支持。

而胡雪巖與王有齡的互相幫襯就更明顯了。王有齡沒有銀子去捐官，胡雪巖就借錢給他；王有齡身為海運局坐辦的時候，碰到解運漕米的難題，胡雪巖就替他想辦法解決；巡撫黃宗漢有意為難王有齡，胡雪巖就用銀子去給王有齡疏通，最後得到了湖州知府的實缺；王有齡被圍困在杭州城，胡雪巖就親自帶銀子去上海買糧食。

而王有齡對胡雪巖呢？王有齡捐官一成功，就想替胡雪巖出一口氣；一坐上海運局坐辦的位子，就支持胡雪巖開錢莊；一任湖州知府，就把過往府、縣的官銀給阜康錢莊打理；胡雪巖一說要做生絲生意，王有齡就利用自己的湖州知府之便給胡雪巖大開後門。這兩個人的互相幫襯，成就了兩個人的成功。

一個人無論多麼聰明能幹，多麼刻苦努力，如果沒有團隊的合作，就難以在某項事業上獲得偉大的成功。任何人離開了他人的支持和配合，離開了一個必要的環境，就像魚兒離開了水一樣，必將一事無成。

但是，團隊也要看是一個怎樣的團隊。如果這個團隊是一盤散沙，你幹你的，我幹我的，這樣的團隊也許還比不上一個人的力量。但是，如果這個團隊裡的成員能夠分工合作，互相幫襯，再難的事也能做成。

很多年前，為了瞭解螞蟻是怎樣發揮團隊精神的，昆蟲學家們做了一個實驗。他們製作了一個大的玻璃容器，以便能夠從外面觀察螞蟻的行為。在容器裡，他們放入了一層濕潤的土壤，將幾十隻製造蟻丘非常出色的螞蟻品種放了進去。只見這些螞蟻不斷地忙碌，將細小的泥土搬來搬去。昆蟲學家以為牠們要開始建造蟻丘了，可沒想到，幾天過去了，螞蟻們什麼也沒做成，容器內沒有任何建築物出現，就連一個小小的土丘都沒有。昆蟲學家們感到很奇怪，為什麼呢？他們決定進一步進行實驗。

這次，他們放進了十倍於上次數量的螞蟻。奇蹟發生了，螞蟻們忙活了兩天就造出了兩個細小的泥柱，但之後再無任何進展，仍然只是忙碌地將泥土搬來搬去。昆蟲學家們不斷地增加螞蟻的數量，最後奇蹟出現了，螞蟻們開始壘高和建造更多的泥柱，然後將泥柱慢慢地對接，再一層一層一圈一圈地累積，終於造就了一個功能齊全的蟻巢。

可見，只有當螞蟻的夥伴越來越多，團隊的力量越來越大時，螞蟻才能展現出巨大的力量和驚人的智慧。沒有哪個人能憑藉一己之力完成某項事業，也沒有哪個人能憑藉一個人的智慧在這個社會上獨自成功。

胡雪巖說：「光是我一個人有本事也不行，牡丹雖好，還需綠葉扶持。」「三個臭皮匠，勝過諸葛亮。」說的就是眾人的力量能勝過單個人的力量，哪怕這單個的人多麼有能力，也比不過三個能力不是很強的人。每一個人的能力都是有限的，能夠利用眾人之力，更容易走上成功之路。

 同行合作：聯合蝦米吃大魚

胡雪巖知道，商場上沒有絕對的朋友，也沒有絕對的敵人，只有絕對的利益，這是不變的規則。只要有需要、有可能，競爭對手同樣可以成爲合作夥伴。

生意場上，常說「同行是冤家」。以藥店這個行業爲例，大家彼此之間要爲爭奪藥材來源、店員、配藥師以及客源進行激烈的競爭。但是很多情況下，同行也是可以聯合起來去做一件互惠互利的事情的。在需要聯合同行做大事時，如果還把對方置於對立的地位，就會有損無益；相反，如果能夠聯合起來針對另一個更爲重要的對手，那就可以一榮俱榮，共用利潤。

胡雪巖說：「與同行合作，才能謀取更大的利益。」競爭者之間的合作是為了追求利益而達成的，同行之間既競爭又合作，當鬥則鬥，當合則合，根據具體的情況隨時變動。當然，在合作的同時，雙方其實依然在相互競爭著，只是為了追求更大的利益而暫時對雙方伸出了友好的雙手而已。

胡雪巖在與洋人洽談生絲生意時，雙方在價錢上始終不能達成一致。當時，胡雪巖手中所存的生絲並不多，不足以讓洋人妥協退讓，但是胡雪巖沒有死心，決定借用團隊來壯大自己的力量。胡雪巖聯合潮州其他的絲行，都把生絲囤積起來不出售。因為只要有一家生絲出售，胡雪巖的計畫就會泡湯。其他的商家之所以同意胡雪巖的建議，也是為了能夠從中賺取更大的利益。因為如果生絲的價格偏低，對他們也沒有好處，這就是合作能夠達成的關鍵點所在。

最後，胡雪巖和同行的合作取得了預期的效果，洋人被迫把價格抬到了令胡雪巖滿意的價位，胡雪巖和同行們都從中大賺了一筆，實現了他們合作的初衷。

其實，早在阜康錢莊剛剛辦起來的時候，胡雪巖就意識到了與競爭對手合作的重要。當時，官府正好在發行一種官票，胡雪巖經過一番觀察和思索後，認為他能夠收購官票，只是自己一家錢莊勢單力薄，於是就去遊說其他錢莊。最終，由阜康錢莊帶頭，杭州幾十家錢莊相互合作，都表示認可官票，朝廷對此非常高興。而且，由於阜康錢莊是最先認購官票的，作為獎勵，朝廷把投放到江南大營的軍餉存入了阜康錢莊，這對於阜康錢莊來說是一筆巨大的資金來源。

同樣，其他的錢莊同意與胡雪巖合作也不是因為彼此之間沒有競爭，而是面對新的情況時，他們臨時成了一個新的團隊，採取了新的做法。

強和弱是相對的，沒有誰或者企業是絕對強大的，所以，在面對不同的事情時，要隨之做出相應的變動。中國有句俗語：「眾人拾柴火焰高」。意思是說，通過聯合眾人的力量，能夠實現個人力量所不能實現的目標。

事實上，胡雪巖生意的成功，很大程度上也得自同行同業的真心合作。胡雪巖的每盤生意都有極好的合作夥伴，而幾乎他的每一個合作夥伴，對他都有一個「懂門檻」、「夠意思」的評價。在胡雪巖發跡之後，他也時刻不忘記對同行，特別是對下層商人進行提攜。

浙江慈溪人嚴信厚，幼時在寧波恆興錢肆當學徒，後來到上海寶成銀樓任職。同治初年，在胡雪巖的推薦下，嚴信厚進入李鴻章幕，被發任李軍鎮壓捻軍的駐滬襄辦餉械。此後，胡雪巖在漸漸將生意做大的過程中，總是不忘記照顧同行的利益。

在太平天國興起的形勢下，各地紛紛招兵擴軍、開辦團練以守土自保，尤其是江浙一帶直接受到太平天國的影響，更是大辦團練、擴充軍隊。

有了兵就要有兵器，胡雪巖便開始做起軍火生意。胡雪巖決定先買洋槍，在買不買炮的問題上，他卻考慮得很遠。最後放棄買火炮的主要原因，是因為浙江有一個炮局，由龔振麟、龔之棠父子把持。浙江炮局主要就是製造火炮，他們製造的土炮自然趕不上西洋的「落地開花炮」，但畢竟是自己造的。

胡雪巖認為，如果他買進西洋炮，由於西洋炮威力大、品質好，必然要頂掉浙江炮局製造的土炮，如此，也勢必會侵犯炮局的利益，引起炮局的妒忌。龔氏父子本來就得浙江大吏黃撫台的重用，他們為維護自己的利益，利用自己多年建立起來的影響，大肆挑剔買洋槍洋炮的弊端，反對浙江購買洋炮洋槍。如此一來，不僅洋炮買不成，連洋槍恐怕也買不成了。基於對這種世故人情的考慮，胡雪巖決定捨炮而不買，只買洋槍，這樣就避免了對炮局利益的觸犯，選擇了一條與眾不同的經營項目，另闢市場，不至於引起同行的反對。

雖是同行，卻能做到和平共處，這是胡雪巖爲了生意的成功而尋求的外部環境。他以槍捨炮的做法，看似違背了商人追求利益的原則，實際卻得到了更大的實惠，即在既不會遭到反對也沒有競爭的經營空間中，更大程度地贏得利潤。

歸根到底，同行之間不僅要競爭，更要合作。克服「同行如敵」的狹隘眼光，把目光放長遠，才是一個成大事者應該具備的度量。

一盤生意，同行之間經營的項目相同，就意味著要分享同一個市場，因此，同行間的競爭是必然的和不可避免的。而爲了各自的利益，同行間互相忌妒，以至於由忌妒到傾軋、競爭，成了同行間的常事。在競爭中，或者一方取勝，另一方被迫稱臣；或者兩敗俱傷，第三者得利；或者一時難分勝負，雙方維持現狀，醞釀新一輪的競爭。這似乎是大家都能理解的，也似乎是大家都認可的市場規律。

在商言商是商人經商的原則，但若只立足於這一點，未免目光短淺。做生意離不開競爭，有競爭就有輸贏，但是非輸即贏並不是固定不變的遊戲規則，有時也可以得到雙贏的結果，這就要看懂不懂得巧妙地違背競爭規則了。商人之間只能通過品質、價格、促銷等方式進行正大光明的「擂臺比武」一決雄雌，切不可用魚目混珠、造謠中傷、暗箭傷人等不正當手段損傷對手。

現代社會，市場形勢瞬息萬變，此時可能對甲企業有利，眨眼間就可能變得對乙企業有利。所以，經商的人應該「風物長宜放眼量」，不應當以一時勝負來論英雄，更不可以一時失利而遷怒競爭對手。

第五課

思考和決策之間——把握進退緩急

胡雪巖語錄

事緩則圓，不必急在一時。先想妥當了再動手，但一旦動手就要快。

壹 不必急在一時

孔子說：「欲速則不達。」孟子說：「其進銳者，其退速。」兩位先賢的說法雖有不同，其表達的真實意思卻是一樣的，那就是教導人們爲人處世，要當進則進，當退則退；當急則急，當緩則緩，不可操之過急，爲求事情速成而不顧後果地一味冒進。胡雪巖曾說：「事緩則圓，不必急在一時。」可見，作爲一代巨賈，胡雪巖深諳緩急之道。

胡雪巖要把在湖州收到的一大批新絲運到上海，卻並沒有像其他商家那樣急於脫手。就胡雪巖當時的經濟狀況和兵荒馬亂的時局而言，按常理，胡雪巖應該儘快脫手套現。因為他的錢莊剛開張不久，錢莊實力不是很雄厚，並沒有多少可以周轉的資金，就連購買這批生絲的資金，都是胡雪巖通過王有齡挪借的湖州解往省城的公款，是胡雪巖想出來的借雞生蛋之法。

然而，胡雪巖畢竟是眼光遠大的一代巨賈，他將這批生絲囤積了起來，以等待更好的脫手價格。究其原因，除了洋商開價不理想之外，更重要的是，胡雪巖聯合江南的絲業同行控制洋莊市場的條件還沒有成熟。胡雪巖因為實力有限，運到上海的生絲數量很少。僅憑他一個人，實力還不足以與洋人討價還價，只有聯合絲業同行才能與洋商抗衡。而胡雪巖在聯合絲業同行方面的運作才剛剛開始，還需要一些時日做進一步的工作。

以胡雪巖的做事作風，他是絕不會讓煮熟了的鴨子飛走的。自己已經籌備好了，組成絲業同盟對抗洋人的事一定能成功，胡雪巖不會半途而廢。因此，即使要他暫時壓下一筆資金，他也願意耐心等待，等待最好的脫手時機和價位。

生絲運到上海之後，胡雪巖一方面請熟悉洋務的朋友古應春加緊與洋商談判，一方面由劉不才拉攏上海的絲業巨頭龐二，做聯絡同行的工作。

到這一年年底至第二年年初，胡雪巖與上海絲商大戶龐二結成了絲業同盟，對散戶的控制取得了顯著成效。洋商迫於江南絲業同盟的壓力，開價也開始鬆動，但胡雪巖認為此時仍不是脫手的最佳時機，因此仍然在觀望。

因為胡雪巖覺得，洋商的開價還不是十分理想。當初為集結散戶做工作時，胡雪巖等絲業商人為了說服大家一致行動，許諾只要團結一致，迫使洋人就範，大家必可大獲其利。如果按洋人當時開出的價格脫手，當初與蠶農講的「大獲其利」就成了句空話，受到大家責難是小，影響以後繼續壟斷價格、控制市場的計畫事大。

就這樣，胡雪巖與他的同行直到第二年新絲上市前夕，因為朝廷決定要在上海設立內地海關，同時增加了繭捐，為情勢所迫，洋人終於迫於清政府和絲業同盟的壓力，低頭認輸，最後開出了雙方都可以接受的價格。

胡雪巖的第一批生絲直到那個時候才最後脫手，他的這批生絲淨賺十八萬，利潤之高超乎想像。

胡雪巖凡事權衡利弊、事緩求圓的經商之道，為他贏得了令人難以置信的利潤，奠定了他在江南絲業中的壟斷地位。

遇到緊急又難以處理的事情時，人們應該怎樣對待呢？事緩則圓、在等待中尋找恰當的戰機。

一個商業項目想要運作成功，往往需要具備時機、資金、人力等多種條件。缺少任何一種條件，商業項目都無法取得成功。因此，商業經營中，如果缺乏成功所需要的某些條件，我們就必須為商業項目運作的成功創造這些條件。

「草船借箭」的典故中，諸葛亮當著孫權與周瑜的面立軍令狀時，仍然要了三天的暫緩期限，就是因為當時「借箭」的時機還不成熟，必須有一個等待的過程。

諸葛亮所設計的「借箭」必須有江霧瀰漫的天氣。這是能不能成功「借箭」的關鍵條件，而且無法憑人力創造。諸葛亮根據當時的天氣預測常識，知道三天之後會有一個這樣的天氣。如果沒有合適的天氣，當時諸葛亮縱有一身智謀，也不可能完成「借箭」任務，唯一能做的只能是兩個字——「等待」，等待時機的到來。

假如，我們爲了一樁生意做出了極爲周密的計畫，而且知道只要執行計畫就能夠實現預期的成果，甚至在初步運作中，我們已經收到了初步的效果，但就在這個時候，情況發生了一些意外的不能爲人力所控制的變化，原本可以憑藉的優勢和有利條件消失了，而且任憑我們如何努力都無法挽回。這時，萬萬不可草率行事，既不能貿然行動，也不能輕易放棄。我們所能做的，只有等待，等待恰當的機會——在耐心等待中觀察形勢的變化，在靜觀形勢變化中等待新的機會到來。這個時候，如果我們僅憑意氣，一心求快，最後的結果，必然是如孔子說的那樣：「欲速則不達。」

經商的人應該學會等待，甚至退讓。在商業項目運作中，遇到困難、險阻，一時又無應對之策時，該等則等。許多時候，靜觀其變是最明智的選擇。當退則退，退的目的是爲了保存實力，以便日後更好地前進。許多時候，退讓本身就是求進所必須經過的過程。爲人做事，在商場中成就大事業，就必須會等待、知避讓。只有懂得等待、避讓，方能取得別人羡慕的成就。

為自己留一條切實可行的退路

生意場上形勢瞬息萬變，許多事情都難以預料。因此，再有本事、實力再強的人，都無法保證自己做生意永遠不會失手。生意場上的每一樁生意都需要參與者承擔一定的風險，並且生意中獲利多少與所冒風險的大小成正比：生意規模越大，獲利越大，風險也就越大。

承擔著風險，就要做好萬一出事的心理準備。因此，大凡聰明的生意人，在一樁生意投入運作之前，就已經想好了退路。

在胡雪巖的生意由創業而至鼎盛的過程中，他所參與的每樁生意的運作，在冒險之餘，也為自己留下了一條保存自己實力的後路。

比如錢莊生意，主要是通過兌進兌出以獲取商業利潤：兌進，自然是吸收客戶的存款以做資本；而兌出則是放款，也就是現在的發放貸款。兌出是賺借貸人的利息，自然是利息越高越好；兌進要錢莊向客戶付出利息，自然是越低越好，最好是不要利息。表面看來，錢莊這種生意只要把握時機，隨市面行情變化，根據銀價的起落浮動調整好兌進兌出的利率，就可以穩穩當當地坐收漁利。這種將本求利、平平淡淡、比較穩妥的運作方式當然也可以，但終歸不是做錢莊生意的「大手筆」，很難賺取更多的利潤。要賺大錢，做大事業，就必須做「大手筆」；而要做出「大手筆」，兌進兌出就會有風險。

從兌出來說，如果錢莊放出的款要高利收回，就要找大主顧。大主顧做大生意需要大本錢，因為有高額利潤可圖，所以他們不在乎借款利率的高低。向這樣的主顧放款，收回的利自然就高。但錢莊的老闆也明白，那就是借貸者的生意獲利越大，所擔風險也就越大，款放給大主顧，自己也要擔風險。萬一對方生意失手，血本無歸，自己放出去的款不僅收不回高額的利息，連本錢也無法收回。

所以，胡雪巖做事十分注意未雨綢繆，爲自己留退路。胡雪巖認爲：既然生意場上無時無刻不承擔著風險，就要做好「萬一出事」的心理準備。因此，作為一名成功的商人，一樁生意投入運作之前，一定要想著為自己留下退路。

做事會算計是成功的保證

《孫子兵法》中說：「多勝算，少算不勝，由此觀之，勝負見矣。」這裡的「算」是指「勝算」，也就是制勝的把握。勝算較大的一方多半會獲勝，而勝算較小的一方則難免會失敗。戰術要依情勢的變化而定，因此，事先必須有充分的計畫，做一件事前，至少要有八成的把握，否則，難免有盲目之嫌。

杭州收復之後，胡雪巖開辦了「胡慶餘堂」。亂世之中開藥店不過是善舉，想依此賺錢是萬萬不能的，原因何在呢？亂世之中，常有瘟疫蔓延，兵匪交戰，傷殘無數，百姓流離失所，又或水土不服，以致有病，加上風餐露宿，大病纏身，這些都需用藥。然而，亂世中的人流離失所，身上能有多少錢呢？所以，醫者不敢開門行醫，因為開門必賠。

這些道理胡雪巖豈有不知？只是念及天下百姓的艱辛，縱然賠本，他也樂

意。於是，他下令各地錢莊，另設醫鋪，有錢的人少收錢，沒錢的人白看病、白送藥。此外，胡雪巖還同湘軍、綠營達成協議，軍隊只要出本錢，然後由他帶人購買原材料，召集名醫，配成金瘡藥之類的藥品，送到營中。曾國藩知道後，感嘆道：「胡光墉為國之忠，不下於我。」

胡雪巖開店送藥，送的只是「諸葛行軍散」之類的一般型成藥，花費不多，卻具有兩大重要意義：對施予對象而言，不論是清廷官兵或是逃難百姓，得到免費藥品，對健康終歸是有幫助的；就胡雪巖而言，經由送藥材，「胡慶餘堂」的名聲得以遠揚傳播，聲名傳開之後，胡雪巖就可以和清軍糧台打交道，建立正式的官商通道，把藥直接賣到軍隊裡去。

胡雪巖為一個「善人」的名稱如此散財，似乎有些讓人不能理解。因為生意人將本求利，一分錢的用度總得有一分利的回報才是正理，連胡雪巖自己都說：商人圖利，只要划得來，連刀口上的血都敢舔。而且，「千來百來，賠本買賣不來」，散財施善，分文不取，用自己從刀口上「舔」來的血換一個「善人」的虛名，何苦來哉！社會上，真正像胡雪巖那樣賺了錢能去做好事、善事者，少之又少。

其實，胡雪巖說做生意賺了錢要做好事，正顯示出了他高於一般人的見識和眼光。胡雪巖做好事，無疑有他行善求名、以名得利的功利目的，他自己也說過：「好事不會白做，我是要借此揚名。」胡雪巖做的好事，並非與自己的生意一點兒聯繫都沒有。

比如，他修建義渡，實際上也與他的藥店生意有關係。胡雪巖的胡慶餘堂藥號建在杭州城裡河坊街大井巷，原來光顧藥店的都是杭嘉湖一帶所謂「下三府」的顧客。義渡碼頭建成之後，從義渡碼頭進到杭州城裡，必須經過河坊街。這義渡碼頭不僅爲胡雪巖揚了善名，同時也爲來來往往的「上八府」的人直接到胡慶餘堂購藥創造了條件，等於是無形之中擴大了胡慶餘堂的市場。

不必多說，像胡雪巖這樣處處算計，不打沒把握的仗，想不成爲紅極一時的「紅頂商人」都難。心中有數，實力做底，才能把握更多，獲得更多。所以，做事切忌盲目，徒贏虛名只會得不償失。

做事會算計是成功的保證。不會算計的人，一定是做到哪兒算哪兒，成敗全憑自己的運氣，很容易功敗垂成。因此，做事一定要有一個運籌、謀劃和權變的過程，這個過程通俗地講就是算計。算計並不是陰謀，只是做事所需要的技巧，是人們爲達到成功所採取的正當手段。算計使我們做事更有把握，在任何環境中都能做到瀟灑自如、遊刃有餘。

 要果斷不要冒失，要大膽不要輕率

果斷與冒失、輕率的不同之處，就在於果斷做事通常是在經過深思熟慮、充分估計客觀情況之後，才迅速做出有效的決定。

要想先發制人，最重要的是要先想在別人前面，然後果斷地去做。多謀善斷是成大事者強有力的資本，它甚至可能決定一個人一生的成敗。

不善於思考的人，即使有果斷處事的能力，也不可能比別人占得先機，甚至會一失足成千古恨。有人曾對胡雪巖由衷讚嘆：「小爺叔的眼光，才真叫眼光！看到大亂以後了。」

胡雪巖能得到如此讚佩，是因爲他在做成第一樁銷洋莊的生絲生意之後，立即就想到要投資兩樁在亂世之中和亂世之後都必能給他帶來滾滾財源的生意。這兩樁生意，一樁是賣藥，另一樁是典當。

其實，胡雪巖早就動過開當鋪的念頭。不過，真正促使胡雪巖把典當當作

一項事業來做並付諸實施的直接原因，是他與朱福年的幾番交談。

朱福年是龐二在上海絲行的「擋手」，胡雪巖在聯合龐二銷洋莊的過程中收服了他。中國歷史上，典當行的管家被稱作「朝奉」，幾乎都是徽州人，朱福年的一個叔叔就是朝奉，他自然熟悉典當業。胡雪巖從朱福年那裡知道了許多有關典當行的運作方式、行規等知識，還知道了典當其實是一個很讓人羡慕的行當，因為「吃典當飯」的確與眾不同，是三百六十行中最舒服的一行。

與朱福年的交談堅定了胡雪巖投資典當行的想法。他讓朱福年替自己留心典當方面的人才，而自己一回杭州，就在杭州城裡開設了第一家當鋪——「公濟典」。其後沒過幾年，他的當鋪就發展到了二十三家，開設範圍涉及浙江杭州、江蘇、湖北、湖南等華中、華東大部分地區。

如此看來，開典當行其實也是胡雪巖為自己找到的一條新的、能夠賺錢的投資管道。

形成果斷品質的因素有很多：

第一，有廣博的知識和豐富的經驗。謀略與知識是必不可少的，只有知識廣博，才可能足智多謀。

胡雪巖開辦典當行，當然絕不是因爲吃典當飯舒服。胡雪巖的理由是：「錢莊是有錢人的當鋪，當鋪是窮人的錢莊。」他開當鋪是爲了解窮人之急。事實上，說是這樣說，天下又哪有不賺錢的當鋪？算算賬就可以知道，胡雪巖的當鋪，即使真的並不全爲了賺錢，也絕對有不小的進項。

當鋪的資本稱為「架本」，按慣例，不用銀數而以錢數計算。一千文准銀一兩，一萬千文即相當於一萬兩銀子。一般的當鋪，架本少則五萬千文，多則可至二十萬千文。

胡雪巖開在各地的當鋪，規模當然有大有小，平均以十萬千文計算，二十三家當鋪僅架本就達二十三萬兩銀子，而如果以架貨折價，架本至少要加一倍。這樣，胡雪巖的二十三家當鋪，架本至少是四十五萬。四—五萬架本以一月周轉一次，生息一分計算，一個月就可以淨賺四萬五千兩銀子，一年就有五十四萬。而當鋪架本周轉一次，絕對不止一分息的利潤。《舊京瑣記》中就談到，當鋪取息率至少「在二分以上，巨值者亦得議減」，就連古應春在算了這筆賬之後都對胡雪巖說：「小爺叔叫我別樣生意都不必做，光是經營這二十三家當鋪好了。」而胡雪巖自己也清楚地知道，只要他能將當鋪經營好，就可以立於不敗之地。

第二，果斷的另一個前提是充分熟悉客觀情況，認真研究和掌握影響決定的各種情況。

戰爭頻發、饑荒不斷的年代，居住在城市之中的人，不要說那些有上頓沒下頓的窮家小戶，即使稍稍有些積蓄的人家，也會不時陷於困窘之中，常要典當物品以度急難，所以，當時當鋪幾乎遍佈所有市鎭商埠。據《舊京瑣記》記載，清同治、光緒年間，僅京城就有「質鋪（當鋪）凡百餘家」。作爲精明的商人，胡雪巖不會不知道這是一個可爲的行當。

第三，果斷做出決定，還要把握時機。

俗話說：機不可失，時不再來。一定的謀略需要在特定時間和地點以及特定的條件下才能成功。此外，謀略也是隨著時間、地點、條件的變化而變化的。在條件不足，有時間等待時，積極準備；在情況發生變化時，根據新情況，及時制定新的應對策略。

所以說，做事果斷，先發制人，一定要善於思考。想到別人前面，才有可能做到前面。

伍 迅速執行，不拖延，不擱置

生意人面對的是與時局、政局緊密相關，且總是處在不斷變化中的具體的市場狀況。市場出現的各種具體情況以及變化，對於生意人來說既是挑戰也是機會。能及時針對具體市場情況做出迅速反應，才能不斷地爲自己開闢新的經營管道，開拓出新的財源。

胡雪巖對市場變化及走向反應非常敏銳，並且想到了立即就去想對策，然後去做。因此，他在哪裡都能發掘出發財的好機會。

有一次，他為銷洋莊走了一趟上海，在上海的「長三堂子」吃了一夜花酒，酒宴上與那位後來成為他可以生死相托的朋友古應春的一席談話，讓他抓住了一次賺錢的機會。

古應春是一位洋行通事，也稱「康白度」或「康白脫」。中國開辦洋務之初，這樣的通事是極要緊的人物。他們表面上主要充當的是類似今天的外事翻譯的角色，但由於這一角色的特殊性，在當時的「外貿」活動中，他們其實還承當著為買賣雙方牽線搭橋的功能，實質上也就是後來所說的買辦。「康白度」或「康白脫」也就是英語「comprador」的音譯。

有意思的是，咸豐、同治年間人的筆記中，也有將這個詞譯作「糠擺渡」的，並就中文意思加以附會解釋，稱買辦介於華人和外商之間以促成交易，好像以糠片作擺渡之用。這種解釋既指明買辦居於華、洋之間的作用，也暗含譏諷。但儘管如此，卻也歪打正著，部分道出了買辦的職事性質。

胡雪巖要和洋人做生意，就一定要結識這樣的關鍵人物。胡雪巖來到上海，設法託人從中介紹自己與古應春相識。請吃花酒是當時上海場面上往來應酬不可或缺的節目，於是，胡雪巖做東，尤五出面，在怡情院擺了一桌以古應春為主客的花酒。

酒席上，古應春談起了他自己參與的洋人與中國人的一樁軍火交易。那一次，洋人開了兩艘兵輪到下關去賣軍火，本來價錢已經談好，都要交易了，半路來了一個人，直接與洋人接頭，說是太平軍有的是金銀財寶，缺的是軍火，洋人一聽立馬單方毀約，將原來議定的價格上漲了一倍多。買方需要的軍火在對方手裡，當然只能聽對方擺佈，白白讓洋人占了大便宜。

古應春講這段經歷，是因為憤慨於中國人總是自己相互傾軋，以致讓洋人占了便宜。但古應春的這段經歷，也引發了胡雪巖要嘗試與洋人做一票軍火生意的興趣。在胡雪巖看來，當時有兩個情況決定了這軍火生意可做，並且一定可以做成功。

第一，當時上海正鬧小刀會，兩江總督和江蘇巡撫都為此大傷腦筋，正奏報朝廷，希望多調兵馬，將其一舉剿滅。兵馬未動，糧草先行，可以先備下一批軍火，官兵一到，就可以派上用場。胡雪巖知道江蘇巡撫是杭州人，他可以搭上這條路子。

第二，當時太平軍也正沿著長江一線向江浙挺進，浙江為地方自保，正在辦團練，辦團練自然少不了槍枝火藥，胡雪巖借王有齡在浙江官場的勢力，敦促浙江地方購進一批軍火也不成問題。反正洋人就是做生意，槍炮既然可以賣給太平軍，自然沒有不賣給官軍的道理。

一旦想到，便立即著手進行，這是胡雪巖慣有的作風。請古應春吃酒的當晚，酒宴散後已是子夜，胡雪巖不肯休息，留下尤五商談與古應春聯手同洋人做軍火生意之事宜，甚至將怎樣購進、走哪條路線運抵杭州、路上如何保障軍火安全等都考慮到了。

第二天，胡雪巖又約來古應春，細緻商定了購進槍枝的數量、和洋人進行生意談判的細節、如何給浙江撫台衙門上「說帖」等事宜。

第三天，胡雪巖就和古應春一道會見了洋商，談妥了軍火購進事宜。從動起做軍火生意的念頭到這時，不到三天，這筆生意就讓胡雪巖做成了。

正是這種「想到做到」的精神，推動著胡氏家業迅速壯大。胡雪巖說：「我們說是說『慢慢兒』，但決不是拖延，更不是擱置，想到就做。幫我做事，須知這一點。」

第六課

成大事者，必須要靈活應變

胡雪巖語錄

靈活機動，四下出擊，一步一個點子，一路一趟拳腳，招招式式都能為自己點化出一條財路。

壹 不斷變換自己的位置和做事的角度

胡雪巖說，做生意要做得活絡。這裡的「活絡」，是一個江浙一帶的生意名詞，它包括很多方面，但不死守一方，靈活出擊，而且想到就做，絕不猶豫拖延，應該是這「活絡」二字的精義所在。

成大事者必須靈活如脫兔，不斷地變換自己的位置和做事的角度，以便讓自己處於優勢之中。但話雖這樣說，有些人在這方面卻很難開竅，總是死守一點，不夠活絡，所以生意越做越差。而胡雪巖卻善於變通，他能審時度勢地改變自己的做事手法，達到最終獲利的目的，同時還能另闢出路，有出奇制勝之功。

做生意要以變應變，不能死守一方天地，而要能根據具體情況做出靈活反應。一個生意人如果只能看到自己正在經營的熟悉行當，最終只會是抱殘守缺，連正在經營的行當都不一定能經營好，更不用說廣開財源了。

胡雪巖的生意做得活絡，在他馳騁商場一步步走向鼎盛的過程中，他靈活機動，四下出擊，真可謂是一步一個點子、一路一趟拳腳、一動一套招式，招招式式都能為自己點化出一條財路。

胡雪巖自小在錢莊當學徒，深知錢莊生意之奧秘。所以在開業之初，雖只有十萬左右的款項，且每筆款項的存貨日期相逼甚緊，但他還是能夠調動資金，及時投入到新的絲繭生意中。

錢莊擋手劉慶生剛開始對胡雪巖超出常規的大膽運作十分不敢苟同，因為作為一名優秀的錢莊夥計，他深知錢莊需要有大批頭寸墊底，方可不陷窘迫。

胡雪巖猜透了他的心思，說：「搞錢莊生意的，就是要七個蓋子八個罈，蓋來蓋去不穿幫才顯出你的本事。要算準了，今天進款多少，餘款多少，什麼時候要支出多少，有可能還有些什麼樣的進項。眼光要放遠，總起來盤算，讓錢活起來，不要積死在手上。錢莊生意最害怕的就是爛頭寸，別人存款來了一大堆，放不出去，沒地方用。要是這樣的話，不過幾天，你就要準備關門了。」

胡雪巖在從劉慶生手裡調動這筆資金時，就已經做了許多工作，加上王有齡到湖州後，另一批新款自然源源而來，這更促使他做出冒險放款的決定。甚至連他自己也沒有想到，在第二天就有好事登門。

由於事先曾有款放給了調任江蘇藩司的麟桂，麟桂到任後，馬上派人來告訴阜康錢莊，浙江押往江南大營的協餉全部由阜康來代理。相形之下，連劉慶生也感到第一天放款出去是極為正確的。不然的話，這麼多頭寸擺在那裡，真是只能落個虛好看了。

胡雪巖為自己的蠶絲生意和幫辦王有齡湖州官府的公事，幾下湖州，結識了湖州頗有勢力的民間把頭、當時正做著湖州「戶房」書辦的郁四。憑著自己的仗義和見識，加上曾幫助郁四妥善處理了家事，胡雪巖深得郁四敬服。

為了報答胡雪巖，郁四做主，為胡雪巖娶了寡居的芙蓉姑娘做「外室」。芙蓉姑娘家原來是開藥店的，胡雪巖成親後，看準了芙蓉姑娘家的祖傳秘方。

胡雪巖經商手法活絡，他才不會固守著錢莊這一種行當，在亂世中，他一下就看出藥店生意將是一個相當不錯的財源。其一，軍隊行軍打仗，轉戰奔波，一定需要防疫藥；其二，大戰過後定有大疫，逃難的人生病之後要救命藥，只要貨真價實，創下牌子，藥店生意就不會有錯。而且，開藥店能博得行善積德的好名聲，容易得到官府支持，在為自己賺錢的同時，還能為自己掙得好名聲，何樂而不為呢？自己不懂這行生意不要緊，可以借助行家為己效力。

想妥這些之後，胡雪巖請郁四幫忙，擺了一桌「認親宴」，並在這認親宴上談妥了藥店開辦的地點、規模、資金等事項。胡雪巖的「胡慶餘堂」就這樣成立起來了。

在其後的幾十年中，胡慶餘堂成爲了名聞天下的老字號藥店，素有「北有同仁堂，南有慶餘堂」之說。胡慶餘堂藥店不僅成爲胡雪巖的一個穩定財源，也爲他掙來了「胡大善人」的好名聲，爲他的其他生意也帶來了極好的影響。

杭州城有一家「孫春陽」南貨店，是一個叫孫春陽的人開辦的。孫春陽本是萬曆年間的一個讀書人，由於屢試不第，棄文從商，在杭州城開了這家店鋪，專賣小食品。這家店鋪的經營方式非同一般，它仍照朝廷設吏、戶、禮、兵、刑、工六部的方式，分南貨、北貨、海貨、醃臘、蜜餞、蠟燭六房辦事。前堂不存貨物，只負責收款開票，後堂則只管憑票發貨。所以，在這家店裡，只能看到店員和顧客，貨物是看不見的。顧客買東西，付錢之後得到的是一張小票，直接到後面取貨。除了經營方式獨特之外，這家店所售的小食品也全部為精品，貨色地道，足斤足兩且童叟無欺，故而雖經歷明、清兩朝，已有兩百多年的歷史，名聲卻一直不衰。

有一次，胡雪巖的小妾大病初癒，想吃火腿，胡雪巖便親自去這家店買了一些。但胡雪巖還有別的事要辦，於是，他就在櫃檯交款開票之後到貨房去交涉，想請店裡派人將他買的貨送到他的家裡去，但貨房卻拒絕了。這家字號自恃牌子硬，說是沒有為客送貨的規矩，他們也不想應時而變，改掉這不為顧客送貨的「老規矩」。

在胡雪巖看來，店規不是死板的，有些事不可通融，有些事卻要改良。所謂變通，變則可通，通則可久，事物總是在隨著時勢發展的不斷變革之中獲得不衰的生機。胡雪巖覺得為顧客送貨上門絕對是一種提高服務品質的方法，這種方法儘管會花費更多的人力與物力，但是能贏得顧客的心，以此擴大招牌的名氣。

此後，他開始在他的胡慶餘堂提供這樣一種服務方式，只要是在杭州城內，顧客有需要就送貨上門。這樣一來，杭州城內沒有哪個人不知道胡慶餘堂。

胡雪巖有活絡的生意頭腦，他開錢莊的時候就想著去做蠶絲生意銷洋莊、做糧食生意，在做著蠶絲生意的時候開辦了藥店、典當行，他四面出擊，不斷爲自己廣開財源的靈活手法，確實讓人嘆服。

所有成功的商人都有一套自己的「路子」，他們的目標雖然都是賺錢，但達到目標的方法卻存在很大的差異。很多時候，經營手法的特殊，能使他們更快走向成功。

貳 生意做得越大，目光就要放得越遠

做生意要將膽識放遠，生意做得越大，目光就要放得越遠，不要怕投資過大。事實上，做生意既是資金、實力的較量，也是一種勇氣的較量。做生意賺了一點兒錢，你把它存在那兒當然比較保險，但這些錢永遠也不可能再生錢。想把事業做大、做強，就要懂得投資，投資適當、正確與否直接關係到利潤的多寡。

胡雪巖曾說：「我有了錢，不是拿銀票糊牆壁，看看過癮就完事了。我有了錢要用出去！」生意人就應當有這股子大氣。有了錢就用出去，也就是用錢去賺錢，用錢去「生」錢。用現代經濟眼光來說，就是學會並且敢於投資，在不斷賺錢的同時，也要不斷地以投資的方式去擴展經營範圍，以便獲得更大的利潤。

縱觀胡雪巖的創業歷程，他之所以能成為富可敵國的巨賈，很大程度上是因為他不限於一門一行，總在不斷地為自己開拓新的投資方向，並且看準了就大膽投資，沒有絲毫的猶豫。比如在錢莊剛剛起步之時，他便開始以有限的財力籌畫投資生絲生意，而正在「銷洋莊」的節骨眼兒上，又根據上海向國際貿易金融大都市發展的趨勢，毫不猶豫地買地建房，投資房地產，此後又根據世

情和時局變化，相繼投資藥店、典當行等。

在胡雪巖生意的鼎盛時期，他的生意範圍幾乎涉及他所能涉足的所有行當。長線投資如錢莊、絲茶生意、藥店，以及當鋪和房地產等，短線投資如軍火、糧食販運等，所有這些生意在當時條件下都是能賺大錢但又具有風險的生意。很顯然，胡雪巖如果沒追求風險投資的氣魄，只死守著自己熟悉的錢莊生意而不思開拓進取，他的事業絕不可能做得如此轟轟烈烈。

沒有能力準確發現投資方向，或者不敢大膽投資的人，或有了錢不想著用出去或不敢用出去的人，決不可能成爲一個可以在商場上縱橫捭闔、叱吒風雲的大實業家。

叁 多元化經營

商業投資，利益與風險同在。爲了降低投資風險，一個有效的辦法便是多元化經營。

所謂多元化經營，就是不把資金集中投資在一個項目上，否則，一旦該項目失敗，資金就會全部遭受損失。而把資金放置在不同的項目上，其中有的風險小，有的風險大，這樣一來，即使風險大的項目投資失敗，所遭受的損失也可以由獲利的投資項目抵補；而若風險大的投資項目成功，則可以獲得高額投資回報。這就是一個投資組合問題，也就是我們平常所說的「不要把雞蛋放在一個籃子裡」的原因。

胡雪巖自經商以來，從沒有把自己局限於某一行，而是遍地開花，從錢莊到生絲，從當鋪到藥店，只要是他有能力涉及，各行各業都不放過。

第一樁銷洋莊的生絲生意做成以後，在籌畫投資當鋪、藥店的同時，胡雪巖還想到了另一項與國計民生有關的大事業——他準備利用漕幫的人力、漕幫在水路上的勢力和他們現有的船隻，承攬公私貨運，同時以松江漕幫在上海的通裕米行為基礎，大批販運糧食。

胡雪巖要為自己打開水路貨運和糧食買賣這兩片前景廣闊的天地。

翻翻歷史，我們就可以清楚地瞭解到，上海成為中國近代最大的貿易口岸，就是以海運、河運的大力發展為龍頭的。當年中國商辦公司與洋商之間第一次最大規模的「鬥法」，便發生在中國「官督商辦」的輪船招商局和英國怡和、太古輪船公司、美國旗昌輪船公司之間，「鬥法」的焦點即是爭奪水運利潤。從這一點，我們就可以想到投資水路貨運在當時的巨大前景。

撇開這一點不說，胡雪巖要大規模販運糧食，也是一個有大利可圖的生意。這樁生意有利可圖，是因為當時已經具備了三個條件，這三個條件都與時局有關：

其一，時值太平軍沿長江一線大舉進攻東南，戰亂之中，大片田地荒蕪，糧食出產銳減，正是亂世米珠薪桂之時，販運糧食必然有利可圖。

其二，兵荒馬亂，戰事迫近，或稻熟無人收割，或收割之後又因交通不便無法運出，最終白白糟蹋。而漕幫既有人手又有水路勢力，此時將其組織起來販運糧食，天時、地利、人和都占全了，弄好了就是沒有競爭對手的「獨門生意」。

其三，官軍與太平軍必有一戰。俗話道「兵馬未動，糧草先行」，糧食對於交戰雙方都是大事。雙方在同一塊地面上拉鋸，假如搶運出糧食，不讓太平軍得到，進出之間關係極大，一定會得到官軍的支持，糧食販運也會順利許多。

有這樣三個條件，這樁生意可不就是必定有利可圖嗎？

在那兵荒馬亂的年月，一般商人想到的多是縮小業務，而胡雪巖卻始終想到發展，而且總能在亂世夾縫中爲自己開出一條條財路。胡雪巖不斷爲自己尋找投資方向，並且敢於大膽投資的氣魄，確實讓人欽佩。

以退為進，無為勝有為

俗話說：留得青山在，不愁沒柴燒。暫時的退讓是爲了以後的進取。在生意場上，人不能死抱住一些眼前的蠅頭小利不放，圖小利大事不成，有時應該爲了長遠目標而放棄眼前利益，尤其是在情形對自己不利時，更要善於退避三舍。只有善於退讓的人，才能賺到大錢。

胡雪巖在做上海的市面時，費盡心力地介入朝廷與洋人的爭端，試圖在朝廷與洋人之間充當調停人的角色，讓雙方握手言和，團結合作，共同把上海的市面做好做大。胡雪巖之所以如此做，是因為他深知要在上海創下除銷洋莊以外更大的事業，比如在上海設立阜康分號、做房地產生意、開米行，甚至開戲院、茶樓等，靠他一個人是做不起來的，需要朝廷和洋人各方團結合作、共同努力才能如願。

但實際情形是，上海當時很不安定。一方面，雖然因為外國人曾經接濟過

小刀會，租界並沒有受戰火影響，但小刀會起事以後佔領縣城，終成掣肘之患。另一方面，由於洋人接濟小刀會，與太平軍從事軍火交易，惹惱了朝廷，朝廷決定對洋人在上海的生意採取限制措施，頒佈了禁止絲茶運往上海的禁令，並決定在上海設立內地海關，增加關稅。如此，洋人與朝廷的關係弄得很僵。

受這兩個因素的影響，上海的進一步安定與繁榮自然也要受到影響。

不過，形勢也不是沒有迴旋的餘地，能夠迴旋的關鍵，實際上就在於洋人和朝廷都不想長久僵持下去。對於洋人來說，如果一定要與朝廷僵持，他們在上海的生意將會受到全面影響，比如他們急需的絲茶，因為貨源斷絕，只能在上海高價購進；而朝廷主要也是惱恨外國人資助小刀會和賣軍火給太平軍，才發出禁令。從實際利益來說，假如真正斷了洋商的生路，朝廷也會失去一條財路，起碼關稅就要少收許多。禁制之舉，實在也是萬不得已。

正是這些情況，堅定了胡雪巖要充當調停人的想法。雖然此舉會讓他的利益或多或少遭到一些損失，但他當時想到的卻是儘快在朝廷和洋人之間斡旋，「把彼此發生爭端的原因拿掉，各讓三分，叫官場相信洋人，也叫洋人相信官場，這樣子才能把上海市面弄熱鬧起來」。到時，開戲院、茶樓也好，買地皮也好，都會無往不利。

為了調和洋人和朝廷的關係，最終胡雪巖做了兩件事：一件事是他決定把自己囤積的生絲儘快脫手。這本來是他準備用來控制市場、壟斷價格的一批絲，他在那個時候脫手，無非是要向洋人做出一個友好的姿態，洋人要在中國做生意，還是很較重視中國商人的態度的。另一件事，則是去蘇州拜見時任蘇州學台的何桂清，想搭上官場的路子，在官場找到人來出面調停。在胡雪巖看來，如果有得力的人出來做這件事，平息朝廷和洋人之間的爭端會容易得多。

皇天不負有心人，透過胡雪巖的努力，朝廷與洋人休戰，握手言和，共同合作維持上海市面的穩定和繁榮。

商場如戰場，在戰場上有必要地撤退，在商場上也要隨時做好退一步的打算。但是對於做事會算計的人來說，僅僅爲了保全自己的撤退太過消極，是一筆虧本的買賣。因此，即使是退，也要爲進埋下伏筆。比如說胡雪巖拋售生絲，雖是一筆虧本買賣，但卻給洋人留下了好印象，爲以後的大買賣打開了活路。

所以，那些欲成大事者，千萬不要一味地想著前進，有時也別忘了「撤退」這一招。

那麼，在哪些情況下需要「撤退」呢？

第一，因爲偶然因素的作用，使原定戰略目標失去了意義。

第二，出現了更好的機會，根據獲取最佳效益原則，捨此而就彼。這是一種戰略重心的轉移。

第三，局部性的撤退，以保證戰略重點的實現。

第四，對手的勢力過於強大，不足以與之爭風。

第五，要想保持現有市場佔有率，投入將不堪重負。

在上述情況出現之時，與其在萬般無奈的情況下撤退，或在被對手強行逼出角逐場的情況下撤退，倒不如主動地進行戰略轉移，力求把損失降到最低限度，以圖在其他方面另謀發展。胡雪巖之所以能成就大事業，皆因他懂得以退爲進之術，懂得「今日不生效，明日又來，今年不生效，明年又來」的精要所在，所以他才取得了常人難以企及的成就。

伍 不墨守成規，敢於創新

面對新的問題和困難要有靈活的思路，不受原來規矩的局限，要有衡量利弊輕重的過程，才能使難題得到巧妙地解決，得到各方面都滿意的結果。

三百六十行，行行有規矩。按照規矩辦事是理所應當的事，但規矩是經驗的反映，是人在不斷探索中得到的共識。所以，相對於墨守成規而言，新的探索更有意義，只要這種探索是合理的、對人有益的、能解救危機的。

做生意必須手腕活絡，不可固守成法。

胡雪巖幫助王有齡解決運送漕米時，採用的就地買米的辦法，就是打破常規、推陳出新的典型例子。

漕運，就是將在江南稻米之鄉徵收的稻米由運河運往京城，以供應宮廷用度及京官的俸祿。因為這些稻米都由運河北運，故而稱為漕米。漕運水路南起杭州，北抵京師，全程兩千多里。依照定例，漕船必須最遲於每年二月底開行，啟運太遲就會影響下一年的漕運。漕米徵收是各地州縣的公事，徵多徵少也有定例，但漕運積弊已久，主管漕米徵收、解運的人都可以從中得到好處，漕糧一事實際上已經成為各層官吏盤剝小民百姓的「黑路」。

按當時的做法，朝廷徵收的數量按戶口攤派，一般情況下不得增減，而朝廷也不負擔運輸費用。這樣，漕運的耗費，各路人員的好處，自然也都出在小民頭上。徵收漕米時，各地州縣往往將運輸費用、想得的好處加徵在老百姓應交的數量之上，這也就是所謂「浮收」。「浮收」額度至少在規定額度的一半上下，也就是本來只需交納一石糧，卻要交納至少一石五斗。正是因為有了這「一半的能上能下」，才有了各層官吏的利益均沾。

王有齡坐上浙江海運局坐辦的位置，一上任就遇到了運送漕米的公事。只是浙江的情況有自己的特殊性。浙江上年鬧旱災，錢糧徵收不起來，且運河淤積嚴重，河道水淺，旱季甚至斷流，沒有辦法行船，因此浙江漕米直至九月還沒有啟運。同時，浙江負責運送漕米的前任藩司椿壽與撫台黃宗漢素有恩怨，被黃宗漢抓住漕米沒能按時解運的問題狠整了一道，以致自殺身亡。到王有齡做海運局坐辦時，漕米由河運改海運，也就是由浙江運到上海，再由上海用沙船運往京城。現任藩司不想管漕運的事，便以改海運為由，將這檔子事全部推給了王有齡。

漕米是上交朝廷的「公糧」，每年都必須按時足額運到京城，哪個環節出了問題，哪裡的官員就沒好日子過，所以，看來不大的事情卻關係到官場的前途，甚至身家性命，王有齡自然不敢怠慢。而江浙因為漕米欠賬太多，再加上河運改成海運等於是奪了漕幫的飯碗，因此漕幫不願出力而導致運力不足。漸漸地，漕幫與官府就形成了魚死網破的局面，你不讓我吃飯，我就讓你丟官。

王有齡請胡雪巖幫忙，胡雪巖巧思妙計，化險為夷。胡雪巖認為，朝廷要米，看的是結果，並不管你的米是哪裡來的，各地的米也沒有太大的差別，因此，只要能按時在上海將漕米交兌足額，就算完成了任務。既然如此，浙江可以在上海買米交兌，差多少就買多少，這樣就省去了漕運的麻煩，問題也就解決了。

但凡不合常規的事情都要更加小心才好。這個妙計之中就有幾個必須要注意的環節，胡雪巖也一一闡明，還幫王有齡分析了利弊。

第一，要能得到撫台認可。買米抵漕糧是違反朝廷規制的，認真計較起來也是罪行一樁。但此時的府台與王有齡是一根繩上的螞蚱，利益攸關，要是沒有按期交足米糧，便會一起倒楣，所以問題應該不大。

第二，要說動浙江藩司挪用現銀做買米之用。這也是不按規矩辦事，甚至可以說是擅作主張、怠忽職守，不過俗話說「官大一級壓死人」，只要撫台同意，做下屬的藩司也不能怎麼樣。

第三，要能在上海找到一家大糧商，肯墊出一批漕米補出買米不足的差數，等浙江新漕運到後再歸墊。雖說一般商家都不願意做先賣出後買進的生意，違反規則不說，漕米的成色也不好，沒有盈利的空間，但只要有現銀貼補差價，自己不吃虧，而且，給官家幫忙，以後生意也能得些方便，總的來說，還是可行的。

胡雪巖的三點提醒很重要，也很能解決問題。既能按時足額交兌漕米，為浙江撫台分憂，同時也為王有齡在權場鋪了路，一舉多得，唯一不太完美的就是要花上幾萬銀子以保事情順利進行。不過與沒完成任務被朝廷治罪相比，這點兒銀子花得心甘情願。

嚴格說來，胡雪巖想出的辦法並不是通常做生意常用的方法，但從這裡，我們卻看出胡雪巖遇事思路開闊、頭腦靈活、隨機應變的本事。在他的觀念裡，與其乾著急，不如新事新辦。既然浙江的情況比較特殊，那就要拿出特殊的應對辦法。光在原來的思路上發愁是沒有用的，情勢不同還可以有新的運作方式。

由此可見，面對新的問題和困難要有靈活的思路，不能受原來規矩的局限。如果你想開拓財路，不光要具備審時度勢的頭腦與眼光，還要能及時打破思想，提升意識形態，更新思路，在思想上創新。

第七課

創立你的個性品牌

胡雪巖語錄

第一步先要做出名氣，名氣一響，生意就會熱鬧，財寶就會滾滾而至。

壹 門面如人臉

門面的文化品味、個性色彩都會成爲影響生意的要素，商鋪的「宜址、精修、巧陳」是把生意做大做強的必要條件。

所謂「客流」就是「錢流」，因此，商鋪選址一定要注意周圍的人流量、交通狀況以及周圍居民和單位的情況。對經營商鋪的創業者來說，客流是把生意做大做強的一種契機。對於這一點，我們來看看胡雪巖是怎麼做的。

胡雪巖敏感的生意經可以歸納爲六個字：**宜址、精修、巧陳**。

胡雪巖說：門面就猶如人臉，如不好，是會影響生意的。

第一，宜址，即店的位址選擇適宜。

一八七四年，胡雪巖選擇杭州吳山腳下的大井巷為址建屋造店，創辦胡慶餘堂，這是有深意的。

吳山坐落於西湖南面，由紫陽、雲居、七寶、峨嵋等十多個小山頭組成。相傳春秋時這裡是吳國的南界因而得名，又因山上有座城隍廟，所以又叫城隍山。吳山歷史悠久，有很多古蹟，如春秋的伍子胥廟、晉朝的郭璞井、宋代的東嶽廟、明朝的城隍廟等。在吳山的山崗上，因石灰岩長期溶蝕作用形成了一組惟妙惟肖的「十二生肖石」，山頂上有一座高八米、有著重簷的江湖匯觀亭，登上此樓北望西湖明澈似鏡，南眺錢江宛若錦帶。到了清朝雍正年間，吳山太觀被列為「西湖十八景」之一，吳山的自然和人文景觀吸引著眾多的遊客前來觀光，使它成為杭州客流量很大的一個地方。

另一方面，杭州從唐宋以來就佛寺遍佈，有「東南佛國」之稱。在每年春暖花開的季節到立夏為止，將近一個月左右的時間裡，各地（主要是杭州、嘉興、湖州三地及蘇南一帶）的善男信女身背寫著「朝山進香」的黃布香袋，成群結隊地湧入杭城，到各寺院燒香拜佛、許願還願，這種年年必有、規模宏大、具有宗教色彩的特色旅遊給經商者帶來了生意，他們或在寺院附近定點設鋪，或隨處流動設攤，出售胭脂、簪珥、牙尺、剪刀、木魚、經卷、玩具、花籃、梳子、藥物等物品。

據范祖述原著、洪如嵩補輯的《杭俗遺風》記載：「城中三百六十行生意，一年中敵不過春市一市之多。大街小巷，挨肩擦背，皆香客也……各色生意，誠有不可意計者矣。」這種因燒香拜佛者聚集而成的商業性集市叫做「香市」。到了清代，吳山香市與錢塘門外的昭慶寺香市、岳墳以北七八里開外的天竺香市成為杭州持續最久、規模最大、集市最盛的三大香市。

鑒於上述情況，吳山在生意人眼中具有特殊意義，而其腳下的大井巷是人們登吳山的必經之路，所以胡雪巖選中了這塊「黃金寶地」，在上吳山的石級路旁購地八畝，開設建築面積約一萬二千平方米的胡慶餘堂，為其經營奠定了長期、固定的基地。這是很有商業眼光的舉動。

第二，精修，即店堂修建精緻，別具一格。

胡慶餘堂初造時，由東西並列的三進建築組成（後來西邊一進被拆除，現只剩兩進），頭進是營業店堂，二進是製藥工廠，這種前店後場、產銷結合的組織格局有利於靈活、及時地適應顧客需要。兩進樓房之間有夾弄和防火牆相隔，每進設前、後天井，左、右有廊屋相連，呈環形通達之狀，外觀氣派，結構簡潔。

作為我國古代建築史中不可多得的建築群，胡慶餘堂除了具備江南園林大紅漆柱、鎦金描彩、雕梁刻枋、飛簷鏤格等古樸典雅的共性之外，還根據營業需要，有自己獨特的創意：整座建築被設計成仙鶴狀，象徵著店鋪生機長存，四周也造起了高十二米（牆腳就高達二米）、長六十米的青磚防火牆。胡雪巖還請人在靠河坊街的一面牆上寫了「胡慶餘堂國藥號」七個特大漢字，十分引人注目。

胡慶餘堂的上簷有一般建築很罕見的一排排花燈狀的垂蓮柱，正門在大井巷內青石庫門坐西朝東，青磚角疊的門樓上鑲嵌著「慶餘堂」三個金光閃閃的大字。跨過門樓，映入眼簾的是「進內交易」牌，四個鎦金大字遠看凸出，近看凹進，一望就知是高手之作。入口長廊被做成船篷軒。人靠臉皮，店仗門面，胡慶餘堂如此不落俗套的設計能不使人頓興好奇和讚嘆嗎？

第三，巧陳，即店堂的內部擺陳巧妙適宜。

如果說，胡慶餘堂像一隻棲息在吳山腳下的美麗仙鶴，那麼，它的門庭就像「鶴首」，過了門庭拐彎就是「鶴頸」長廊，迎面是一個八角石洞門，門洞上有青磚雕出的「高入雲」三字，左側橫牆上堆塑著取材於神話傳說《白蛇傳》的「白娘娘盜仙草」圖案，整個長廊的石壁掛著三十六塊用銀杏木精製、黑底金字的藥牌，如「外科門神丸」、「胡氏辟丹」、「安宮牛黃丸」、「十全大補丸」、「大補全鹿丸」、「小兒回春丸」等，牌上表明各種丸藥的主治功能，於裝飾之中巧妙地為顧客提供了極好的藥材和藥品性能的說明，既傳播了中醫藥知識，又起到了廣而告之的作用。

看到這些飾畫，人們很容易浮想聯翩，如登仙界，如返幽古年代，在得到美的享受之餘，又從這些與中醫密切相關的神話人物和古代先賢圖中體會到了中醫文化的源遠流長。四角亭下面有一排紅漆晶亮的「美人靠」，這是視顧客為「養命之源」的胡慶餘堂為顧客特設的小憩之處。

穿過「鶴頸」長廊往右拐就是第二道門，門樓兩邊有「野山高麗東西洋參，暹羅（泰國舊名）官燕毛角鹿茸」的對聯，上端橫臥一方「藥局」匾。要知道，過去的藥業分藥店和藥局兩類，藥局規模大，包括直接向產地進貨的藥號、批發的藥行。胡雪巖有銀號、錢莊、典鋪互為挹注的金融網，資本大，手面寬，兼營藥號、藥行、藥店，因此，堂而皇之地掛了「藥局」，頗有雄視醫藥界的威風。

跨過「藥局」門樓的青石門檻，便來到坐北朝南、金碧輝煌的營業大廳。這裡雕欄畫棟、宮燈高懸，頂棚玻璃透光明亮、廳堂陳設琳琅滿目。牛腿（連接柱、梁的建築構件）精雕吉祥動物圖案和古色古香的人物故事，大廳兩旁分立高大的紅木櫃檯，給人一種莊重的感覺，左側為配方、參茸櫃，右邊是成藥櫃。櫃檯後邊更高大的「百眼櫥」擺著色澤不同的瓷瓶和幽幽發光的錫罐，神秘而又高雅，百眼櫥格斗裡存滿了各種藥材飲片。正中的「和合」櫃檯，兩邊掛著「飲和食德，俾壽而康」的「青龍」招牌，說的是飲食適可、有規律，使人健康長壽，也有行人揭示「飲和食德」是要擠垮、吞併杭城另兩家資格老、規格大的藥號「許廣和」與「葉種德」，含有競爭的火藥味。和合櫃檯兩側有兩副對聯，外面一層是「莊雲在霄甘露被野，餘糧訪禹本草師農」，橫批是「真不二價」；裡面一層是「益壽延年長生集慶，兼吸並蓄待作有餘」，中間上方掛「慶餘堂」橫匾。兩副對聯筆法道勁，而且各自巧妙地把「慶」「餘」二字用於對聯首尾。

在胡慶餘堂製藥工廠的東樓和作為門市部的西樓之間有一條長長的通道相連。封建時代不允許商人在店堂裡擅設通道，但胡雪巖被賞戴紅頂花翎、穿黃馬褂後，成為晚清商界「異數」才有此特例。這條通道名叫「長生弄」，中間比兩旁高出些許，儼然如皇宮及宮府內的甬道，顯示出胡慶餘堂藥號主人的顯赫聲勢和大藥號的排場。

可見，胡雪巖的店址選擇佳宜、修製精好、擺陳巧妙，使得胡慶餘堂的門面有很高的文化品味，與眾不同，極有個性色彩。胡氏的三個準則在今天仍具有積極的借鑒意義。

適當地推銷自己，以抬高身價

一個人若想出人頭地，適當的時候就要站出來推銷自己，這比待在角落裡等著被人發現強百倍、千倍都不止。

做人要有真本事，濫竽充數之人雖然可以蒙蔽別人一時，卻不可能蒙蔽別人一輩子。但做人也怕有了真本事卻不會表達，空有一身才華而無人賞識，正所謂「好酒也怕巷子深」，所以，要懂得適當地推銷自己。

胡雪巖很注重自己的無形財富——名氣與形象。在他看來，做事情，提升自己的名氣和牌子是很重要的一件事，典型一例是胡雪巖賣貓。

胡雪巖因資助王有齡進京投供丟了飯碗，在杭州沒法待，就去了上海。他在上海舉目無親，生活相當愁苦。

有一天，他外出尋找生計，在回來的路上撿到了一隻病貓。胡雪巖連自己都顧不上，哪有閒心養貓呢？但他看到那隻病貓臥在路邊直衝他「喵喵」叫，實在可憐，突然靈機一動，就把貓抱了回去。

第二天，胡雪巖外出，他在門口大聲地告誡房東：「好好照看我的貓兒，這種貓全城找不出第二隻，千萬不能讓外人知道。要是被人偷走了，那就要我的命了，這貓就如同我的兒子。」

胡雪巖天天都要這麼說上一通，鄰居們耳朵裡聽多了，心裡止不住地好奇，很想看看這貓究竟長得什麼模樣。可是，胡雪巖誰也不讓看。

有一天，那隻貓猛然掙斷繩子跑到門口，胡雪巖趕緊把貓抱了進去。正巧在場而又眼快的人，看到那隻貓是紅色的，且全身上下連尾巴和腳上的毛清一色是紅的，見到的人沒有一個不驚奇不眼紅的，沒過多久，消息就紛紛揚揚地傳開了。

不久，這消息傳到當地一個富紳的耳朵裡，於是，富紳就派人用高價來買這隻貓，但胡雪巖堅決不肯賣。越是如此，富紳越不肯甘休，一定要買，價格越出越高，胡雪巖還是不肯賣。後來好說歹說，胡雪巖允許富紳看一次貓。看了之後，富紳更覺稀罕，無論如何都要得到這隻貓。最後，終於以二十兩銀子把貓買走了。

富紳把貓帶走的那天，胡雪巖心痛得不得了，整整一天長吁短嘆，惆悵不已。

富紳得到貓後高興極了，整天在朋友們面前炫耀，可不久便發現貓的顏色漸漸淡了下去，才半個月就成了一隻普通的白貓。富紳馬上帶著貓去找胡雪巖，哪知胡雪巖早就搬走了，不知去向。

原來，胡雪巖是用染馬纓的辦法把貓的顏色給染了，染的次數多了就成了紅色，而他之前所有告誡房東的行為，不過是想引起人們注意的手段而已。

胡雪巖賣貓的手段當然有點不正當，但是，我們所要關注的是胡雪巖的做事方式。不管你那是好貓還是假冒僞劣的「好貓」，首先你得把貓的名氣打出去。如果你把牠藏在「深閨」中，那麼，再好的絕世極品也只能自己欣賞了。

胡雪巖成功的關鍵就在於：既要讓潛在的顧客知道，又要讓他不知道；或者說，爲了讓他知道，要故意讓他不知道。鄰居可以聽見這隻貓叫，卻看不見這隻貓。先是「千呼萬喚」不肯出來，再加上一次「猶抱琵琶半遮面」，可以說把早期準備都充分完成了。到富紳獲悉胡雪巖的紅色貓時，廣告的任務已經完成，餘下的則是談判技巧。

在生活中，我們經常遇到這樣的情況：越是想把某件事或訊息隱瞞住不讓別人知道，越容易引起他人更大的興趣和關注。人們對隱瞞的東西充滿好奇和窺探的欲望，甚至千方百計、不擇手段地通過別的管道獲得這些訊息。而一旦這些訊息被他人知曉，進入了傳播領域，就會因爲它所具有的神秘色彩被人爭相傳播，進而達到一傳十、十傳百的效果，最終與隱瞞該訊息的初衷背道而馳。

如果我們能巧妙利用這種心理，就可以達到不錯的傳播效果。

在現代商業領域，很多企業經營者都希望自己的公司、產品美名遠揚，爲了打開產品銷路，他們會努力到各大媒體露面，打廣告，搞宣傳，爲的就是提高產品知名度。而有些企業經營者卻反其道而行之，有意隱藏自己的訊息，給人留下故意躲避的印象，從而吸引人們，特別是媒體的關注。待人們努力瞭解後，才發現原來並沒有什麼特別的，但這樣一來，人們對該企業、該產品印象反而更深刻了。

有一座古廟，它周圍環繞著紅牆，綠樹成蔭，廟門寬敞。但廟裡的空間不大，行人從寬大的廟門前經過，就能將廟裡的景致一覽無餘。因此，沒有多少遊人進去觀光，日子一久，寺廟只好關門大吉。

出人意料的是，自從此廟的大門關閉之後，卻出現了一種奇怪的現象：遊人走到這裡，經常會在廟門前停留，扒著門縫往裡看。每天窺探的人比往日大門敞開時進去觀光的人多了許多倍，甚至工作人員也被影響，也扒著門縫往裡看，想知道裡面到底發生了什麼事。

其實廟裡一切如同往常，什麼事情都沒發生，能看到的景象只是一堵紅牆、一角磚地、一棵老樹，其他的東西被大門遮住了，無法看到。

當地的和尚對這種現象感到好奇，便統計了一下每天扒著門縫往裡窺探的人數，竟比之前開門時多了幾十倍。

在這種情況下，這座廟終於向遊客開放了，不過這次開放與以前不同，和尚們把一道影壁立在大門的裡面，阻擋人們的視線。人們總想一探究竟，所以踴躍購票。

和尚們還故意鎖上房門，留些小縫供人們窺探。房裡同樣放了屏障，讓人窺探起來很費勁，只能看到一張老床、一個老櫃、一雙舊鞋，再向裡看，還能看到一個小泥菩薩。人們對此樂此不疲。

後來，這座廟來了一個奇怪的和尚，這個和尚說話從來都是說半句，留半句，不把事情說完整——其實，他是真的沒有本事說完整。可正因為這樣，前來討教的人反而說這和尚的學識高深莫測，非常靈驗。

在很長一段時間裡，人們對此廟與這位和尚都有著濃厚的興趣，並將其奉為神靈，前來燒香拜佛的人與日俱增。

故事中那座廟及那位和尚之所以那麼吸引大家的注意力，顯然是因為「禁果效應」在發生作用。正如那句話所說：越想推廣傳播，越要閉口不說。留一點兒窺探的小縫，給人一個巨大的想像空間，欲語還休的效果可以吊足聽眾的胃口。

做人也是這樣的道理，要想成大事，在做人方面就要懂得適當地推銷自己，以抬高身價。

叁 良好的形象，是企業的無形資本

良好的形象，能給企業帶來巨額的財源。

在現代社會中，我們所說的企業形象，是指社會大眾和企業職工對企業的整體評價。它包括兩個方面的含義：從外部看，企業給消費者可以信賴的印象，對其他行業及社會的貢獻為外界所認可；從內部看，企業讓全體職工在工作中產生「和公司榮辱與共」的觀念，重視職工利益，工作分層負責，賞罰分明，量才施用，企業內部「通風」良好，氣氛和諧，擁有強勁的活力和凝聚力，能發揮出最高的工作效率。

良好的企業形象能夠給公司帶來具有更多利潤的無形資產，但是在不同經濟發展時期，企業對其形象內涵的理解及在形象開發的側重點上，是有非常大差別的。早期的企業一般把良好的形象押在外部形象上，例如，怎樣靠優質產品打開銷路、怎樣靠優質服務取信用戶等。但在以後，企業會更加重視外部形象和內部形象相結合的整體塑造。這中間，體現每個企業的企業文化則是連接外部形象的紐帶。

在這一點上，從某種意義上說，胡雪巖比他同時代很多企業家們認識得更清楚。按照胡雪巖的看法，步入商界，「第一步先要做名氣。名氣一響，生意就會熱鬧，財寶就會滾滾而至」。

胡雪巖在阜康錢莊開張之初時，通過認購戶部官票，樹立了錢莊的良好形象，實實在在地實現了名聲揚起、實利落懷的效果。

而胡雪巖的藥店——胡慶餘堂則更是這樣。由於胡慶餘堂在創業時期就定下了以「誠實無欺」做名氣的宗旨，也由於胡雪巖向有病無錢的窮人免費送藥和向軍營捐藥的兩招，讓胡慶餘堂很快名聲大振。

由於藥材地道、成藥靈驗，胡慶餘堂的經營一直旺盛不衰，遇到春夏時疫流行的季節，上門的主顧經常排起長龍等藥。胡雪巖的生意後來因為種種原因走向衰敗，最終全面倒閉，他的其他生意如錢莊、當鋪、絲行，以及私人財產如房產、田地等後來都落入他人之手，唯有胡慶餘堂得以保留了下來。

究其原因，與他在藥店生意上做出的名氣，以及「胡慶餘堂」的金字招牌有著非常大的關係。就連他的藥店擋手也非常清楚這一點。當阜康錢莊發生擠兌風潮，並開始波及胡雪巖的其他生意，敗局已定時，他的藥店擋手為安撫店員所作的分析就非常有道理。他對店員們說，胡大先生辦得頂好的事業，就是這胡慶餘堂。胡慶餘堂不但賺了錢，也為胡大先生掙得了好名聲。假如說虧空了公款，要拿胡慶餘堂抵債，貨色生材都可以入官，但這招牌是不會被摘下的。胡慶餘堂這樣檔次的名聲，官府一定不會把它封掉，胡大先生也仍然是胡慶餘堂的大老闆。藥店擋手要求店員要格外認真，照常經營，抓藥要地道，對待客人要和氣，這只飯碗一定捧得實，不必擔心。

這就是所謂的實至名歸！名氣可以做出這樣的效果，名氣的效果可以發揮到這個份上，也算是一種極致了。這是胡雪巖做生意的又一絕。

有一次，一位同仁向胡雪巖請教人生哲理和做生意的經驗，胡雪巖說：「人生世上應該先求名，還是先求利？……別的我不知道，做生意要先求名，不然怎麼叫『金字招牌』呢？……這話大有道理，創出金字招牌，自然生意興隆通四海，名至實歸，莫非名利就是一樣東西？」

生意場上，求名是爲了求利。自我形象樹立起來了，名氣做響了，金字招牌擦亮了，生意自然會興隆起來。

事實也確實如此。資本可以是有形的，也可以是無形的，無形的資本也是可以創造利潤的。

名利雙收，這是自古至今人人心中的理想，但現實中往往不可兼得。胡雪巖以商人的獨特眼光，爲我們開啓了認識兩者關係的絕妙路徑。

其一，名氣和利益本是同根生，也就是說，只要獲得其中一方，就可以爲獲取另外一個方面積累雄厚的基礎和資本。例如，你擁有了名氣，就更容易賺取利潤；而你擁有了雄厚的資本，也可以借此爲獲取名聲鋪平道路。

其二，「先求名後求利」，並非爲求名而放棄利益，而是在名利無法兼得的情況下，應該學會先求名再求利的經營思維模式。因爲一旦獲取了名氣，就等於獲得了商業經營的資本，這是目光長遠的體現。胡雪巖在大阜糧行當學徒之時就憑藉勤快能幹而深受老闆賞識，在親自經營錢莊之時，又注重聲譽誠信，獲得了「胡大善人」的美名，這些都是以後賺錢的資本。

肆 建立起自己的「金字招牌」

所謂的「招牌」，就是指企業的品牌與形象。

在當今世界，創立一個品牌，尤其是世界級的品牌，是件很不容易的事情，在這條路上，可以說是千難萬險、困難重重。一個企業倘若沒有在國際、國內市場上打得響的品牌，就只能處於被動地位，永遠落在別人後面。

胡雪巖深諳此理，他說：「我想做生意的道理都是一樣的，創牌子最要緊。」因此，他一直在竭盡全力創出自己的牌子，做好自己的招牌，經營自己的品牌。

胡雪巖在創辦自己的錢莊時就特別注重招牌名。他自知自己只會「銅錢眼裡翻跟頭」，對題定招牌這樣需要文墨功底的事情不能勝任，因而鄭重其事地去請教王有齡。

不過，儘管胡雪巖不知道題定招牌的遣詞用字，但他知道題定招牌該有的講究，當王有齡告訴他，題招牌自己也是破題兒頭一遭，不知道怎麼題法、有什麼講究時，胡雪巖毫不猶豫地擺出了題定招牌應該注意的幾條原則：

「第一要響亮，容易上口；第二，字眼要與眾不同，省得跟別人攪不清楚。至於要跟錢莊有關，要吉利，那當然用不著說了。」

胡雪巖這裡講到的幾點要求，正是題招牌的關鍵所在。上口，也就是要求題寫的招牌要簡潔明瞭、通俗易懂且讀起來要響亮暢達、琅琅上口。掛出招牌的目的就是要讓人記住，這一點尤其重要。如果一方招牌用字生僻，讀起來詰屈聱牙，招牌的作用就會大打折扣。

起名以別——用與眾不同的字眼，使自己的商號在招牌上顯得特別，從而在眾多同行同業中引人注目。用現代商務運作的觀點看，一個與眾不同的招牌，就意味著一種獨立的品味和風格。所以，這一點非常重要。

起名以適——招牌用字要符合自己商號所屬行業的特點，要能讓人一看招牌就知道你的商號是幹什麼的。

起名以吉——這大概是中國人題定招牌時特別講究的一點，不過這也符合商場上人們的一種普遍心理。商場上，不管買方賣方，都希望能夠大吉大利，誰都不喜歡自找晦氣。

就是根據這幾點要求，王有齡為胡雪巖選擇了「阜康」兩個字。這兩個字取「世平道治，民物阜康」之意，可以說完全符合胡雪巖的要求。所以，胡雪巖將這兩個字念了兩遍之後，立刻欣然同意：「好極！就是它了。」

題定招牌，就是爲自己的公司或商務機構作商業性命名。中國傳統的說法是定字號大小，用白話說，就是爲自己的生意取一個名字，就像爲新生兒取名一樣。不要小看取名。做生意首先必須求名，要有名目（也就是字號大小）別人才知道，要有名氣別人才信服，而取一個好的名字，是成爲「金字招牌」的基礎。因此，一些有眼光的商人都特別注重爲自己的商號題名。從這一角度看，胡雪巖對於自己錢莊招牌的重視以及對題定招牌的要求，顯示出了他精明的生意眼光。

胡慶餘堂開辦之初，為了做出自己的「金字招牌」，胡雪巖在確定開藥店的時候，還在藥店如何開法、怎樣用人、怎樣進料、怎樣炮製等方面，定下了兩條不變的原則：

首先，方子一定要可靠，選料一定要實在，炮製一定要精細，賣出的藥一定要有特別的功效。按照胡雪巖的說法：「『說真方，賣假藥』最要不得。」而且，胡雪巖還要求，要叫主顧看得清清楚楚，讓他們相信這家藥店賣出的藥的確貨真價實。為此，他甚至提議每次炮製一種特殊的成藥以前，比如要合「十全大補丸」了，可以貼出告示，讓人來參觀。與此同時，為了讓顧客知道藥店選料實在，決不瞞騙顧客，他還建議在藥店擺出取料的來源，比如賣鹿茸，就不妨在藥店後院養上幾頭鹿，這樣，顧客自然就會相信藥店的藥。

其次，藥店擋手除能幹以外，更要誠實、心慈。舊時藥店供顧客等藥休息的大堂上常掛一副對聯：「修合雖無人見，存心自有天知。」說的就是賣藥人必須靠自我約束。不誠實的人賣藥，特別是賣成藥，用料不實，分量不足，病人用過，不但不能治病，還會壞事；只有心慈誠實的人，可以時時為病人著想，時時注意藥的品質，這樣，藥店才不會壞了名聲，倒了牌子。

一個有戰略眼光的實業家，他的事業取得成功，決不是靠坑蒙拐騙，而是靠誠實無欺，靠信譽，靠切切實實滿足客戶的需要。過去很多商家店門口都會掛上「誠信招來天下客，無欺譽攬萬人心」的對聯，對聯道出的確實是一個使自己的「金字招牌」永不倒的簡單的訣竅。誠實不欺是所有生意行當的立足之本，也是商家在競爭中取勝的一個重要砝碼。有才無德，只靠耍花樣來求名取利，到頭來只會搬起石頭砸自己的腳，聰明反被聰明誤。所以，胡雪巖很鄭重地說過：「我們也不是故意耍花樣，只不過生意要做得既誠實，又熱鬧。」

胡雪巖創「金字招牌」的品牌經營理念，在當代的商戰中得到了更加廣闊的延伸。胡雪巖認爲，創牌子最要緊，經營任何生意都要給消費者一個鮮明可感的形象。從一定意義上說，擁有一個出眾的名字，在同等情況下，會比那些名字陳舊簡陋的商家要佔有更大的先機。

胡雪巖經營的商號，在起名字上，可謂煞費苦心，而後來的成功也證明了他的創牌思想是正確而必要的。例如，胡雪巖創辦的胡慶餘堂藥店，取名來自於《易經》中的「積善之家，必有餘慶」。本來想取名「餘慶堂」，但秦檜當年已經用過「餘慶堂」，胡雪巖就把它顛倒了過來，叫「慶餘堂」。

由此，我們能夠得出一個結論：在生意場上要真正有競爭優勢，真正地獲得大發展，像胡雪巖一樣給企業做一個「金字招牌」，創一個知名品牌是關鍵。

伍 善於利用廣告——做氣派，做信用

廣告是商品經濟的產物，自從有了商品生產和交換，廣告也隨之出現。

舊時的廣告並不像我們現在流行的廣告一樣，在某份報紙或雜誌的角落寫上幾行字，以此來使世人得知某產品的消息。最早的廣告是通過聲音進行的，叫口頭廣告，又稱叫賣廣告，這是最原始、最簡單的廣告形式。早在奴隸社會初期的古希臘，人們通過叫賣販賣奴隸、牲畜，公開宣傳並吆喝出有節奏的廣告。古羅馬大街上充滿了商販的叫賣聲，古代商業高度發達的迦太基城，就曾以全城無數的叫賣聲而聞名。

除了口頭廣告之外，還有商標廣告。只是當時的商標都是一些象徵性的東西，就像中國的會意字一樣，讓人一看就能看懂。這種風格在現在的商標廣告中仍然保存著。在古羅馬，一家奶品廠就以山羊作標記；一條騾子拉磨盤表示麵包房；一個孩子被鞭子抽打則是學校採用的標記。在中世紀的英國，一隻手臂揮錘表示金匠作坊；三隻鴿子和一支節杖表示紡線廠；倫敦的第一家印地安雪茄煙廠的標記，是由造船木工用船上的桅桿雕刻出來的。

現在保留下來的世界上最早的文字廣告，是在古埃及的首都特貝發掘出來的西

元前一千年的一篇尋找逃亡奴隸的廣告，現存在大英博物館中，紙由蘆葦的纖維製造，淡茶色，內容是懸賞一個金幣，尋找一個名叫西姆的奴隸。

「男奴隸西姆，從善良的織布匠哈甫家逃走了。首都特貝所有善良的市民們，誰能把他找回來的話，有賞。西姆是Hittle族，身高五英尺二英寸，紅臉，茶色眼珠。若誰能提供他的下落，就賞給半個金幣，如果誰能把他帶回織布匠哈甫的店鋪來，就賞給一個金幣。技藝高超的織布匠哈甫總是應諸君的要求織出最好的布匹來。」

在我國，早在西周時期，就出現了音響廣告。《詩經》的「周頌・有瞽」一章裡有「蕭管備舉」的詩句，據漢代鄭玄注說：「蕭，編小竹管，如今賣餳者吹也。」唐代孔穎達也疏解說：「其時賣餳之人，吹蕭以自表也。」可見西周時，賣糖食的小販就已經懂得以吹蕭管之聲招徠生意。

這種音響廣告在我國儘管不是主流，但現在有些地方的貨郎挑著擔子叫賣的時候仍然採用這種形式，以吸引顧客。

在我國歷史上，出現最多的是「懸幟」廣告。《韓非子・外儲說右上》記載：「宋人有沽酒者，升概甚平，遇客甚謹，爲酒甚美，懸幟甚高。」意思就是說，宋國有個賣酒的人，每次賣酒都量得很公平，對客人殷勤周到，釀的酒又香又醇，店外酒旗迎風招展，高高飄揚。這面酒旗就是一種廣告，高高掛起來，使得人們遠遠就能看見，這就是吸引主顧的廣告形式。

這種採用懸掛形式做廣告的方式在中國最多，其中又以酒旗爲最多，不斷爲後世沿用。如唐代張籍有「高高酒旗懸江口」，杜牧有「水村山郭酒旗風」等詩句。《水滸傳》裡也有這樣的描繪：「武松在路上行了幾日……望見前面有一個酒店，挑著一面招旗在門前，上頭寫著五個字：『三碗不過崗』。」

現代的廣告就更多了，一走在大街上，招牌廣告應接不暇，電視中、報紙雜誌上，沒有哪一個地方是沒有廣告的，現在的我們都被淹沒在了廣告的大潮中。

商家之所以會採用廣告，最主要的目的就是推銷自己的產品。不管是叫賣廣告，還是商標廣告，或者是懸幟廣告，其用意就是想吸引顧客，賣出自己的產品。

胡雪巖也是一個善於利用廣告的能手，並且他的方式與眾不同。

有一次，胡雪巖在南京做生絲生意，由於行情不好，進的貨沒法賣出去，就算賣出去也是虧本，於是，幾千軸絲絹全部積壓在絲棧裡。

幾千軸絲絹可不是一筆小數目，這下可讓胡雪巖發了愁。正在發愁之際，胡雪巖突然靈機一動，想到了一條妙計。自己賣不出去，那為什麼不讓別人給自己做做宣傳呢？

但這宣傳並不是什麼人都能做的，一定要找那些在社會上有頭有臉的人才行。在當時，社會上有頭有臉的人只有那些身居要職的官員和有名望的富紳。於是，胡雪巖把目標鎖定在這些人身上，他給達官貴人每人送了一件絲織的單衣，並叮囑他們外出時一定要穿在身上。

一兩個人穿在身上，可能不會引起人們太多的關注。可當大多數有名望、有地位的人身上穿的都是同一種料子時，就不能不引起人們的注意了。這樣，南京城裡的其他官員和讀書人見了，都紛紛效仿。很快，絲綢單衣在南京城成為風行一時的時尚服裝，絲綢的價格也隨之大漲。胡雪巖看到時機已到，就派人把倉庫裡的絲綢都拿到市場上去賣，每軸絲竟賣到了十兩銀子的高價。

胡雪巖的這種廣告方式就相當於現在請明星代言廣告一樣，要的就是名人效應。本來賣不出去的絲綢，經胡雪巖這麼一宣傳，竟帶動了一個地方的消費，這種力量讓胡雪巖自己都感到驚訝不已。所以，胡雪巖在他以後的經商生涯中，總會採用這種方式，並且屢試不爽。

現在的傳媒非常發達，所以，在媒體上打廣告已經成了所有商家必用的手段，因爲這是讓大多數人瞭解你的產品最有效、最快捷的方法，廣告能在無形之中提高產品的銷售量。

怎麼樣做出廣告效應呢？正如胡雪巖告誡手下人，做生意要「做氣派，做信用」。如何理解其中的奧妙呢？

首先，「做氣派」不是「打腫臉充胖子」，而是要講究做生意的底氣和決心。誰都知道做生意氣派的重要性，但一般人總是把氣派歸結於資金財富的雄厚，即所謂的財大氣粗。沒有對商業市場必勝的信心和決心，這種財大氣粗式的氣派只能是一種粗俗膚淺的裝腔作勢，是很難獲得商業同行、顧客的信任的。在這個意義上，做得越氣派，顧客反而會越發不信任。

其次，「做信用」的深刻內涵來自兩個方面，一方面，整個商號應該給人信任感，這就要求生意人必須在買賣貿易中遵守誠信的原則，這樣才能最終換取大家對商號的信任。另一方面，商號做得氣派，同行、顧客會很自然地對其產生好感和信任感，這正是胡雪巖爲什麼強調做信用的深刻背景。

例如，胡雪巖在阜康錢莊經營上就是典型的「做氣派，做信用」，不僅選址、裝修氣派，而且人脈很旺，錢莊的招牌由浙江巡撫親筆題寫，開業當天，杭州城內官商界著名人物統統到場捧場，爲胡雪巖的錢莊贏得了信用資本。

今天，很多企業和公司的競爭也非常注重「做氣派，做信用」，但仍有些單位要麼有虛張聲勢、故意炒作之嫌，要麼毫無信用、弄虛作假。所以，有時即使可以獲得一時的利益，最終受損的也還是企業自身。

第八課

誠信取勝，生意興隆

胡雪巖語錄

江湖上做事，說一句算一句，答應人家的事，不能反悔，不然叫人家看不起，以後就吃不開了。

一諾千金，不僅是商業之本，更是做人之本

如果承諾不能兌現，就會令他人失望，自己也會因此失去影響力。更嚴重的是，下次你說的話、做的事，即便是真心實意、踏踏實實，別人也會在心裡給你打個折扣、產生疑問，這種不被人信任的痛苦著實令人難以忍受。

胡雪巖曾經有過一個承諾過了二十多年才兌現的事情。

那時，胡雪巖用為信和錢莊收回的外債資助王有齡去京中捐官。此舉斷送了他在杭州的生路，無奈之下，他去投靠上海一位從小一起長大的朋友，試圖在上海謀條路子，同時也兼學做生意。

剛到上海，胡雪巖卻發現這位朋友由於家鄉有緊急事情，已經回浙江紹興去了。別人告訴他，不久這位朋友就會回來，於是，胡雪巖找了一家小客棧住了下來，這家小客棧就是「老同和」。誰知這一等就等了十天，人沒等到，盤纏又用光了，胡雪巖只好在小客棧裡苦熬日子。

但客棧錢好欠，飯卻不能不吃。胡雪巖每天都在「老同和」吃飯，先是一盤白肉，一大碗血湯，再要一樣素菜；後來減掉白肉，一湯一素菜；再後來大血湯變成了黃豆湯，最後連黃豆湯也吃不起了，買兩個餅，弄碗白開水就算一頓飯。

這種日子過了七八天，實在過不下去了，餓得頭暈眼花倒還在其次，他心中實在慌得很，好像馬上就要大禍臨頭一般。於是，他發了個狠，將一件夾線長袍子當掉後，頭一件事就是到「老同和」去「殺饞蟲」，仍舊是白肉、大血湯和一樣素菜。

吃飽後付賬，回到客棧，胡雪巖發現袍子的當票弄丟了，這樣，以後即使有錢也贖不回來了。胡雪巖當時對此並沒有很在意，丟了就丟了，以後有錢了，做件新的也一樣。但第二天，卻有人將他當掉的那件長袍送到了他的住處。一打聽，胡雪巖非常感動。

原來，當時老闆的女兒阿彩在前堂招待客人，天天見胡雪巖來吃飯，先是大血湯和白肉，後來只有大血湯，再後來變成了黃豆湯，這天忽然發現他點的和原來一樣，但身上卻變成了「短打」。後來胡雪巖付賬時，將長袍當票掉在地上，晚上打烊時被店裡夥計阿利發現，交給阿彩。於是，阿彩悄悄將長袍贖了出來，關照阿利送回。

胡雪巖瞭解到事情經過後，便托阿利給阿彩帶了句話：「代我謝謝你們阿彩，她替我墊的錢，以後我會加利奉還。」從此就沒有再見阿彩的面。

在以後的二十多年中，胡雪巖也曾想起要還款，但因不便對人說明緣故，所以此事一直沒有辦成。直到胡雪巖的生意陷入危險，他到上海與古應春商量辦法，正事談完後去逛夜市，偶然中，胡雪巖踏進了「老同和」的門。

「年年歲歲花相似，歲歲年年人不同。」真是物換星移轉頭空，阿彩，這位當初站賬台招待客人的姑娘，如今已成了「老同和」的老闆娘。

當年的夥計阿利是現在「老同和」的老闆，他入贅成了阿彩的丈夫，膝下一子一女。當時，阿利、阿彩正準備將「老同和」翻造，因主要修馬路，「老同」和房子前面要削掉一半，平房改建成樓房。若要造得好一點兒，則要將「老同和」後面的一塊地皮買下來，方方正正成格局，要用到一千五百兩銀子。蓋成之後，老店新開，重起爐灶，本錢也要一千五百兩銀子。

夫妻倆正為此發愁，胡雪巖問明了情況，決定幫他們一把。

按著他的性格，原想幫阿利「老店新開」弄得轟動一下，但想一下自己的處境，自嘲地搖了搖頭，最後叫古應春帶三千兩銀子的匯票給阿利，再叫古應春去見阿彩，告訴她事情的前因後果。一路下來，胡雪巖和古應春二人都覺得胸懷不禁為之一寬。

胡雪巖的做法不僅適用於商業領域。在任何情況下，如果你已經許下諾言，那不論發生什麼事情，你都不能反悔。假如你在做出某個承諾後卻言而無信，最終將導致糟糕的局面。

《郁離子》一書中有這樣一則故事：

濟陽某商人過河時船沉遇險，他拼命呼救，漁人划船相救，商人許諾：「你如救我，我付你一百兩金子。」漁人把商人救到岸上，商人只給了漁人八十兩金子，漁人責商人言而無信，商人反責漁人貪婪。漁人無言走了。後來，商人乘船又遇險，再次遇上漁人。前次救商人的漁人對旁人說：「他就是那個言而無信的人。」眾漁人停船不救，最後商人淹死在河中。

這就是輕諾寡信或言而無信的後果。

有信用的人做事才會有板有眼，因爲有兌現的承諾當推動力，所以他會自覺地勤快起來。胡雪巖在這一點上可以說做到了始終如一，無論自己的境況如何，都堅持誠信待人。

在自己生意已經開始出現危機的情況下，胡雪巖仍大包大攬，答應為左宗棠辦兩件事情：一件是為他籌餉，一件是為他買槍。

左宗棠回到朝廷入軍機處，以大學士身分掌管兵部，受醇親王之托整頓旗營，特地保薦新疆總兵王德榜教練火器、健銳兩營。此時，左宗棠又受朝廷委派籌辦南洋防務，為加強實力，左宗棠派王德榜出京到湖南招募兵勇，預計招募六千人馬，至少再需要四千支火槍。同時，招募來的新兵糧餉雖說有戶部劃撥，但首先要有的一筆開撥費是不能少的，粗略一算就是廿五萬兩銀子。左宗棠西征時，在上海設了一個糧草轉運局，由胡雪巖代理轉運局的事務，所以這個時候，左宗棠自然想到了胡雪巖。

胡雪巖雖然答應下了這兩件事情，但實際做起來卻不像答應的時候那樣輕鬆，關鍵問題還是一個「錢」字。當時需要的廿五萬兩，再加上之前撥給左宗棠賑災用的二十萬兩現銀，一共是四十五萬兩。同時，轉運局現存的洋槍只有兩千五百支，所缺的一千五百支還要現買。按當時價格，每支槍要紋銀十八兩，粗粗算來，一千五百支槍需三萬多兩，幾筆加起來，已近五十萬兩之多。

若在平時，這五十萬兩銀子並不是什麼大問題，但當時因為市面經濟蕭條，胡雪巖的生絲生意銀根也很吃緊，情況已經大不如前，實在難有活錢可以調動。而且，洋行第一期的貸款已經到期，但李鴻章為了排擠左宗棠，定計搞掉胡雪巖，授意上海道卡下各省解往上海的協餉。這樣一來，原來準備用來歸還洋行貸款的錢就沒有了，胡雪巖為此不由著急上火。

境況如此糟糕，胡雪巖本來可以向左宗棠坦白陳述這些難處，求得他的諒解；即使推脫不了這兩件事，至少也可以獲准暫緩辦理。但胡雪巖卻不願意這樣做。胡雪巖知道左宗棠雖然入了軍機處，但實際上他已經老邁年高，在朝廷理事的時日不會太多，自己為他辦事的機會也沒有多少了。況且，自己一直言出必行，絕少食言，因而也深得左宗棠的信任。胡雪巖不能讓人覺得因為左宗棠已經沒有什麼可以仰仗，自己就不為他辦事。

胡雪巖認爲，做生意不能只從生意的角度看問題，還要從做人的角度分析問題，這是非常重要的。因爲他覺得，生意是人做的，人不正不誠，生意必定不能長遠，即使成功，也只是轉瞬即逝的一剎那而已。所以，他特別注意堅持自己的信用。

貳 誠信是經商的立身之本

胡雪巖說：「江湖上做事，說一句算一句，答應人家的事，不能反悔，不然叫人家看不起，以後就吃不開了。」可以看出，胡雪巖確實是一個「說一句算一句」的誠信君子。

一天，阜康錢莊來了兩個當兵的，要提他們的老鄉羅尚德的一萬二千兩銀子。可是這兩個兵卻是空手而來，沒有任何存執憑證。這種情況下，夥計們當然不肯付錢。這件事情被胡雪巖知道了，他很快查明了這兩個人的身分，不僅付了錢，而且付的是一萬五千兩銀子。

一年前，羅尚德來錢莊存他當兵十三年積攢下來的一萬二千兩銀子，並提出不要存執，也不要利息。胡雪巖得知這筆錢是為了還欠老丈人的賭債後，當場決定接受這筆存款，並提出按規矩給他算利息，同時立一個存執交由錢莊掌櫃保存。後來，羅尚德陣亡了，臨終前，他託付兩位老鄉到阜康錢莊取錢轉給老家的老丈人。

兩位老鄉就這樣口說無憑地來阜康錢莊取錢，阜康錢莊也就口說無憑地付錢，而且連承諾的利息一起付了。沒有憑證，當事人也不在了，阜康錢莊完全有理由「黑」下這筆錢，但是胡雪巖不做這樣的事情。這件事情不僅在同行中廣為流傳，更在軍隊中傳播開來，那些當兵的紛紛將錢存進了阜康錢莊。

無論是從做人的角度看，還是從做生意的角度看，誠信都非常重要。一個生意人的信用，既要看他在某一樁具體生意運作過程中的守信程度，更要看他一貫的信譽狀況，生意人的信譽形象是由一貫守信的行爲作風建立起來的。而且，建立信譽形象難，破壞信譽形象容易，一次的信用危機，足以使用一輩子的努力建立起來的信譽形象徹底坍塌，這是任何一個生意人都不能不時刻注意的事。

胡雪巖深知生意場上誠信的重要，他用俗語「賭奸賭詐不賭賴」告誡手下，做生意可以憑藉計謀智慧獲取成功，但絕對不能依靠不講信用來騙取財富，因爲這樣即使可以騙得一時，也絕非長久之計。

誠信是經商的立身之本，這是個真理。胡雪巖在商場縱橫數十年，取得了令人矚目的成就，其中奧妙並非隻言片語可以概括，但講信用是不變的基本法則，這是確定無疑的。

雖然人人口頭上都說堅持正道，但真正付諸商業活動，尤其是面對商業利潤的誘惑時，能夠做到堅持在正路上走的人少之又少。許多人對經商堅持正道的理解過於片面，認爲只要堅持正道就會名利雙損，其實不然。堅持正道可能會讓名利遭受暫時的損失，但從長遠來看，堅持正道，更有利於樹立誠信和贏取商業利潤。

一個對別人用完就扔、過河拆橋的人，沒有絲毫信義可言，人們也決不會相信這樣的人會有信用。正所謂「無論做人還是做事，都要善始善終，方能從從容容在江湖上行走，廣交天下朋友，助己成就一番偉業」。

君子愛財，取之有道

胡雪巖經常掛在嘴邊的一句話是「顧客乃是養命之源」，他要求胡慶餘堂員工把顧客當作衣食父母來尊敬，以優質服務來贏得顧客。胡雪巖雖是「紅頂商人」，卻不以勢壓人，他定規立矩，提倡戒欺，誠信經營，服務周到，一百三十多年過去了，胡慶餘堂的名號仍舊飲譽大江南北就是有力的證明。

講究商業信譽，是以胡雪巖爲代表的徽商信奉的經商信條，「經營信爲本，買賣禮當先」，「買賣公平天經地義，童叟無欺誠信爲本」。

賺錢、求利是商人的經商目標，胡雪巖自然也不例外，胡雪巖善於「在錢眼裡

面翻跟斗」，但他為人處世的信條確是「君子愛財，取之有道」，「要從正道取財，不要有發橫財的心思」，「錢要拿得舒服，燙手的錢不能用」。縱觀胡雪巖經商的過程，他也是按照他信奉的道德準則來做事的，這是非常難能可貴的。

商道即人道。胡雪巖說，無論為官為商，都要有一種社會責任感，既要為自己的利益著想，也要為天下黎民百姓著想，否則，為官便是貪官，為商便是奸商，這兩種人都沒有什麼好下場。胡雪巖創立的胡慶餘堂有一副對聯：「修合雖無人見，誠心自有天知」，表明了胡雪巖誠心自守的商業道德和商業精神。

如果現在去杭州的胡慶餘堂，還可以看到藥堂上掛著的兩塊匾，一塊朝著顧客，上書「真不貳價」四個字，另有一塊對著櫃檯，上面是胡雪巖親手寫的「戒欺」二字，旁邊還有一段小字：「凡有貿易均不得欺字，藥業關係性命，尤為不可欺。余存心救世，誓不以劣品代取厚利。唯願請君心余之心，採辦務真，修製務精，不致欺予以欺世人，是則造福冥冥，謂諸君之關善為余謀也可。」這兩塊「雪字」招牌名聲響亮，影響深遠。

胡慶餘堂創建於一八七四年。在創店之初，胡雪巖就以誠信為立店之本，不僅掛上了兩個牌子，在藥店開張之日，他還親自站櫃臺，並在店堂裡放置了一個香爐，終年香煙繚繞，倒不是為了敬菩薩，而是給顧客準備的——只要顧客不滿意，把藥拿過來，一律扔進香爐，重新配藥。

胡慶餘堂剛開業時，就廣邀名醫配藥，選出了四百多種藥方。怎樣使得這些藥廣得人心呢？胡雪巖以誠信賣藥。比如，有一個藥叫「金鹿丸」，製造這味藥需要在鹿身上取三十多種東西。為了保證原料的品質，他便自己辦了一個養鹿場（現在去胡慶餘堂還能看見，不過只是一兩頭瘦鹿做招牌了），以保證原料絕對貨真價實。在製作金鹿丸時，胡雪巖會選擇一個黃道吉日，由店裡的夥計把即將被宰殺的活鹿拉上街遊行，向大眾表明胡慶餘堂做的藥絕無假貨。

在「雪字」的名藥中還有一味叫「紫雪丹」（又稱「局方紫雪丹」），這是一種鎮驚通竅的急救藥。在製作過程中，有一味朱砂不能碰到鐵、銅器物，否則就會影響藥效，產生副作用。為了保證品質，胡雪巖不惜工本，請來數名能工巧匠，用了數百兩黃金、白銀專門造了一套金鏟銀鍋製作這味朱砂。

對顧客要講誠信，對同行同樣要講誠信。胡雪巖第一次囤積生絲與洋人作對，實際上是虧損的。他到處打點，到處送禮，還集了不少資金，最後雖然賺了十八萬兩銀子，可是仔細一算還虧了一萬多兩銀子。這個時候，有朋友說不要分紅了。可是胡雪巖堅決不同意，寧願自己虧也要將錢分下去。胡雪巖有一個說法：朋友相交，一定要彼此恪守諾言，方能善始善終。

以胡雪巖爲代表的徽商，能將生意做得風生水起，靠的就是代代相傳的誠信經營，靠的就是「戒欺」，靠的就是「真不二價」，這些老祖宗傳下來的寶貴的經商信條，的確值得處在今天發達的商品社會的我們去學習、發揚。

肆 無論為官為商，都要有一種社會責任

人生天地間，何以爲人？人者，「仁」也；商人，「商仁」也。爲商者，懂取捨，有所爲，有所不爲，是爲大商人。仁人愛人，愛人者得人，得人者方能得天下。胡雪巖在經商上一直遵循著仁義的原則，其商訓可以概括爲三個字：「天」、「地」、「仁」。意思是：「天」爲先天之智，這是經商之本；「地」爲後天修爲，靠誠信立身；「仁」爲仁義，懂得取捨，君子愛財但取之有道。

例如，胡雪巖在左宗棠任職期間，曾管理賑撫局事務。爲此，胡雪巖專門設立粥廠、善堂、義塾，修復名寺古剎，收殮了數十萬具暴骸，恢復了因戰亂而一度終止的牛車，方便了百姓，並且向官紳大戶「勸捐」，以解決戰後財政危機。這些舉措

都屬於地道的仁義之舉，那些沒有真心願意實行仁義的商人，是絕對不可能有此舉的。

今天，仁義已經成爲商人普遍遵循的道德準則，但許多企業家也許只是把一些「仁義」之舉當作裝點門面、樹立形象、贏取利潤的一個工具，並沒有從內心深處認同商人即「商仁」的理念。

「先做人，後做事」，是胡雪巖經商過程中始終堅持的經商理念。其具體內涵可以從如下幾個層面加以分析。

第一，何謂做人？儒家一向講究修身齊家治國平天下。平天下屬於地地道道的「做大事」，但做大事之前應該先「修身」。也就是說，如果一個人不懂得修身，那麼以後也難成大事。

第二，何謂做事？胡雪巖強調經商賺錢之前要先做人。在當時戰亂紛起、內憂外患的中國，投機鑽營成爲了許多商人獲利的法寶。在這種境況下，胡雪巖還能夠保持先做人後做事的思想，實在難能可貴。

今天，許多商人也明白經商要有一定的道德底線，但卻總在利潤面前失去理智，不但形象全無，還失信於人，如此很難取得很大的成就。

胡雪巖一生經商，他既看重贏利，更憂國憂民。

例如，胡雪巖在洋務運動中協助左宗棠創辦了福州船政局、甘肅織尼總局，幫助左宗棠引進機器，用西洋新機器開鑿涇河。他還為左宗棠的「西征」舉借洋款，為左宗棠成功收復新疆、結束阿古柏在新疆十多年的野蠻統治立下了汗馬功勞。尤其是在當時「西征」大軍欠缺糧餉，連政府都推諉的艱難時刻，胡雪巖挺身而出，擔負起了籌借洋款的重任，協助左宗棠西征新疆，其愛國之情遠非一般的朝廷命官所能比。

胡雪巖不僅憂國，對社會底層大眾也不失關愛。他極其熱心於慈善事業，樂善好施，多次向直隸、陝西、河南、山西等澇旱地區捐款賑災。有人統計，到一八七八年，除了胡雪巖捐運給西征軍的藥材外，他向各地捐贈的賑災款估計已達二十萬兩白銀。如此憂國憂民的商人，不僅在封建時代具有榜樣的作用，就是在今天，也值得商界推崇。

伍 學會愛你的敵人

無論是朋友還是對手，將來總有見面的時候，所以，做事不可太絕，要留有餘地。「學會愛你的敵人」，這似乎是一件很難做到的事，因爲絕大部分人看到「敵人」都會有滅之而後快的衝動；即使環境不允許，沒有能力消滅對方，至少也會保持一種冷淡的態度，或說些讓對方不舒服的刻薄語言。可見，要愛敵人是多麼難。

但就是因爲難，所以人的成就才有高下之分，有大小之別。也就是說，能以平常心對待敵人的人，他的成就絕對比一直忌恨敵人的人大。

競技場上比賽開始前，通常比賽雙方都要握手、敬禮或擁抱，比賽後也要再來一次，這是最常見的向「敵人」示好；另外，政治人物也慣常這麼做，明明是恨死了的政敵，見了面仍然要握手寒暄……

每個人的智慧、經驗、價値觀、生活背景都不相同，因此與人相處時，爭鬥難免——不管是有關利益的爭鬥還是是非的爭鬥。而這種爭鬥，在競爭激烈的商界尤其明顯。胡雪巖正是因爲能做到愛自己的敵人，所以他取得了常人無法取得的成就。在生意場上，胡雪巖即使完全有理由、有能力置對手於絕境，也絕不會把事情做絕。

胡雪巖到蘇州，到永興盛錢莊兌換二十個元寶急用，但這家錢莊不僅不給他及時兌換，還憑白誣指阜康銀票沒有信用，使他受了一些氣。

這永興盛錢莊本來就來路不正。原來的老闆節儉起家，幹了半輩子才得了這份家業，但四十出頭就病死了，留下一妻一女。現在錢莊的擋手是實際上的老闆，他在東家死後騙取那寡婦孤女的信任，人財兩得，實際上已經霸佔了這家錢莊。永興盛的經營也有問題，他們貪圖重利，只有十萬銀子的本錢，卻放出二十幾萬的銀票，本身已經岌岌可危。

胡雪巖在這家錢莊無端受氣，自然想狠狠地整它一下。起先，他想借用「四大恆」排擠義源票號的辦法來對付永興盛。京中票號，最大的有四家，招牌都有一個「恆」字，稱為「四大恆」。行大欺客，也欺同行，義源本來後起，但由於做生意還就隨和，信用又好，而且專跟市井小民打交道，名聲很好，連官場中人都知道它的信譽好，因此生意蒸蒸日上。「四大恆」同行相妒，想打擊義源，於是出了一手「黑」招：他們暗中收存義源開出的銀票，又放出謠言說義源面臨倒閉，終於造成了擠兌風潮。

胡雪巖仿照這種做法，實際上可以比當年「四大恆」排擠義源時做起來更方便也更狠。浙江與江蘇有公款往來，胡雪巖可以憑自己的影響，將海運局分攤的公款、湖州聯防的軍需款項、浙江解繳江蘇的協餉幾筆款子合起來，換成永興盛的銀票，直接交江蘇藩司和糧台，由官府直接找永興盛兌現，這樣一來，永興盛不倒也得倒，而且這一招借刀殺人，一點兒痕跡都不留。

不過，胡雪巖最終還是放了永興盛一馬，沒有去實施他的報復計畫。他放棄計畫，有兩個考慮：一方面是這一手實在太辣太狠，一招既出，永興盛絕對沒有一點兒生路；另一方面則是這樣做法，很可能只是徒然搞垮永興盛，自己卻勞而無功。這樣損人不利己的事情，胡雪巖不願意做。

從這件事中，我們確實可以看到胡雪巖爲人寬仁的一面。永興盛錢莊來路既不正又經營不善，實際是一個強撐門面唬人的爛攤子，使計將它一擊倒地，大約也不會有多少人同情，而且還能爲錢莊同業清除這一害群之馬。但即使是這樣，胡雪巖還是下不去手，足見他所說的「將來總有見面的日子，要留下餘地，爲人不可太絕」並不是口頭上說說而已，他確確實實是這樣去做的。

第九課

善待員工，人才是栽培出來的

胡雪巖語錄

沒有人天生就是人才，但人人都具有成為天才的潛質，只要有機會得到栽培，就肯定能成為人才。

對人才的栽培，是每一個管理者的目標

栽培出人才是每一個管理者的目標，因爲，把人才栽培出來了，就能爲己所用，所獲得的回報將遠遠高於所付出的。

胡雪巖自己就是一個被栽培出來的人才。

胡雪巖十三歲進入錢莊當學徒，每天早早起床，先替老闆端洗臉水、倒尿壺，掃地、抹桌、買早點；開店營業之後，有客戶來辦業務，他總是站在一旁，見機做事，從來不用老闆吩咐，這樣的活他一直做到二十歲。

在剛進入錢莊的時候，胡雪巖就開始訓練自己的坐功，整日待在金庫裡面，練習算銀票、包銀元、串銅錢。他白天不准出門，晚上住在店中，同樣不許外出。坐功的考驗期是一個月，如果一個月內遵守規矩閉門不出，而且表現不錯，就算合格。如果在第一個月便出了差錯，可以再考驗一個月。若是仍有違規的行為，就會被徹底辭退。

金庫裡連胡雪巖在內一共三個學徒，年齡都差不多，稍大的一個剛滿師，在金庫裡指導他們工作，大家叫他師兄。胡雪巖人緣很好，沒幾天便與大家混

得很熟了。到了第二個月，師兄告訴他可以到外面走走，去看看美麗的西湖。但他仍表示不急著出去，等坐習慣了，再跟師兄一起去。師兄當然很高興，難得胡雪巖這麼聽話，便告訴他以後每逢初一十五去西湖時都帶上他，胡雪巖自然也很高興。經過這這種嚴格的訓練之後，胡雪巖開始由學徒變為跑街，再從跑街變為出店，他每一步都做得非常好，深得老闆的器重。

在做學徒的過程中，胡雪巖熟悉了錢莊的每一項業務，這爲他自己以後開錢莊提供了條件。因爲胡雪巖自己是被栽培出來的，所以他深知栽培人才的重要性。因此，他自己開了錢莊之後，也有意地去栽培人才。

胡雪巖對陳世龍的栽培就頗費了一番苦心。

陳世龍本是一個拉黃包車的車夫，當時胡雪巖為了聯合同業做生絲生意而去找郁四，坐的就是陳世龍的黃包車。由於路途較遠，一路上，胡雪巖就和陳世龍聊了起來。在閒聊的過程中，胡雪巖發現此人不但頭腦聰明，做事也挺利索，便想任用此人，為自己跑腿。

後經過郁四的介紹，胡雪巖對陳世龍有了進一步的認識。因為陳世龍好賭，所以胡雪巖為了用人放心，對其先進行了一番考察。陳世龍答應胡雪巖戒賭，為此，胡雪巖特意給了陳世龍一筆錢，隨後暗中派了兩個人跟蹤他。結果，跟蹤的人發現陳世龍雖按捺不住賭癮進了賭場，但看了半天的「邊風」，自己卻始終未下注，最後買了壺酒回家大喝一通，蒙頭便睡。

胡雪巖對他的表現頗為滿意，他想把陳世龍送到上海去學洋文，將來自己的絲業一定會發展到上海做銷洋莊。最重要的是，與洋人打交道時，如果沒有一個自己的人在生意中做翻譯，肯定會吃很多虧。儘管事後形勢發生了變化，陳世龍也沒有做成翻譯，但陳世龍卻得以在湖州絲業生意中獨當一面，全權處理湖州的一切事務。

正是由於培養出了一個又一個人才，胡雪巖才能分身去開拓其他的事業。否則，這麼大的事業，就憑胡雪巖一個人，是不可能取得這麼大的成就的。

大膽授權

生意場上，老闆和雇員的關係，當然是東家和夥計的關係。夥計的主要職責，就是圓滿完成東家交給的任務。但這種雇用和被雇用的關係，並不意味著僅僅只是發號施令與遵守服從。夥計只有具備能夠充分發揮出自己才幹的條件，東家才可以真正達到「用人」的目的。如果東家用而不能放手，被用的人總是處於一種被動地位，他的能力就沒辦法得到充分發揮，而他也不敢讓自己的能力充分發揮出來。

套用現代管理的話來說，就是要大膽授權。胡雪巖在這方面做得很出色。

老張本來就是一個老實本分、沒見過什麼場面的人，回到湖州既不知道怎麼打開局面，也不敢拉開架式，就連胡雪巖幾番催促，要他趕緊尋找一間氣派寬敞而臨街的房子搬家的事，也一拖再拖，直到胡雪巖二下湖州，他們一家還住在地處偏僻深巷的狹窄老屋裡。

老張不肯搬家，一是考慮到搬家是一件麻煩事，需要時日，二來是怕搬家之後，架式拉大了，而自己卻照應不來，以後難以收場。胡雪巖開導老張，生意上的事，貴在「勤」、「快」二字，如今時日已在四月末，離開秤收絲沒有幾天了，更要抓緊將該辦的事儘快辦好，不然就真的要誤事了。

胡雪巖之所以把湖州的事宜全權交給老張負責，是因為胡雪巖相信老張是一個人才，有能力把這事辦好。另一方面，也是因為胡雪巖在用人上一直奉行一個重要原則，即放手使用、用而不疑。一般來說，除非是那些必須拿主意、關係生意前途的重大決策，在其他一些具體的生意事務的運作上，胡雪巖總是放手讓手下人去做，絕不隨意干預。

即使在阜康錢莊開辦之初，胡雪巖認定自己延聘的錢莊擋手劉慶生可以料理生意事務之後，也幾乎是完全放手讓劉慶生去做。胡雪巖只是規定了幾條大的原則，諸如只要是幫朝廷的忙，即使虧本的生意也可以做；放款要看對象，不能將款子放給到太平軍佔領的地方去做生意的商人等。其他的事情，則全部由劉慶生自己做主。而生絲銷洋莊的生意，胡雪巖也差不多將找買主、談價錢、簽合約等一攬子事務都交給了古應春。

人都需要一種成就感，即使被雇用時也不例外。而且，越是有能力的人，越是希望能夠儘量發揮自己的才幹，使自己在取得的成就中獲得某種心理滿足。這樣的人，如果不能放心地讓他做事，就會讓他覺得自己根本無法真正發揮自己的作用，要想留住他誠心爲自己辦事，幾乎是不可能的。

在胡雪巖這些授權夥計的背後，實際上也體現出了一種讓員工參與管理、成爲企業管理者的現代管理理念。

「海底撈」的老闆張勇對下屬的授權可謂十分「大膽」。在「海底撈」，副總、財務總監和大區經理有一百萬元以下開支的簽字權，大宗採購部長、工程部長和社區經理有三十萬元的審批權，店長則有三萬元以下的簽字權。而對於「海底撈」的一線員工來說，他們也同樣有著比同行大得多的權力，那就是免單權，只要他們認為有必要，就可以給顧客免費送一些菜，甚至有權免掉一餐的費用。要知道，「海底撈」員工的這些權力在其他餐廳，起碼要經理才會擁有。

對此，張勇是這樣解釋的：「如果親姐妹代你去買菜，你還會派人跟著監督嗎？當然不會。」顧客從進店到離店，始終是和服務員打交道，如果顧客對服務不滿意，一線員工是最清楚原因的。因此，把解決問題的權力交給一線員工，才能最大限度、最快速地消除顧客的不滿。

授權的前提是信任，信任的前提是員工能夠做事，要讓員工能夠做事，經理就必須是教練，要教員工，就必須與員工對話、溝通，對話的目的是承諾，要給員工值得憧憬的目標，給員工實實在在的發展空間。

對話與承諾都是雙向的，但這一切都建立在信任的基礎之上。信任就像部門的血液，支持著龐大的機體，每一個業務部門，每一個職能部門，上下級之間被信任的血液滋潤……胡雪巖和員工之間這樣充滿信任的上下級關係，就像是親密無間的戰友，每一次「作戰」都能用盡全力。

叁 授權不忘原則

中國傳統的信任方式是用人不疑、疑人不用，用在企業管理上，就是要放手讓下屬去大膽嘗試，不要什麼都管。因爲用人信而不疑，會使人產生心理上的安全感，使人的積極性得到充分發揮，對組織、集體產生歸屬感和認同感，增強人們的自信心，從而加強主動性與創造性。同時，上級信任下級，下級也會信任上級，相互信任就會產生一種向心力，使上下和諧一致地行動。

胡雪巖就堅持這樣一種用人方式，只要是他選中的人才，他就不會再去懷疑。但是，自從他以這種方式用人開始，就存在一種隱患，因爲他用人還堅持一種原則，就是用人只看此人的某一方面，只要對方在某一方面有能力，胡雪巖就會任用他，而不管別的方面是否沒有問題，比如人品等。這也是他的商業大廈一夜之間就倒塌的原因之一。

阜康錢莊的擋手宓本常跟著胡雪巖做生意，看到胡雪巖賺了那麼多錢，而自己又有才能，便想單幹，不想再居於胡雪巖之下。但宓本常自己缺少資金，那麼，怎麼弄到資金呢？宓本常利用自己在阜康錢莊的地位，挪用錢莊的現銀，然後在支取薄子上填上款項已被儲戶提走。等錢賺回來，再把挪用的款子神不知鬼不覺地送回庫裡，自己要做的只是補貼挪款期間這筆銀子的利息而已，但這些和所賺的錢相比，幾乎不值一提。

謀劃好後，宓本常便大膽挪用七十幾萬兩銀子去做南北貨生意。

所謂「南北貨」，就是把南方的貨運往北方，再把北方的貨運到南方，這樣南北穿梭，賺取中間的差價。在商場中，「南北貨」向來以高風險、高利潤著稱。因為積壓資金太多，如果沒有雄厚的資金做後盾，根本做不成，另外，由於路途遙遠，容易發生不可測的情況，風險也很大，因此這種生意一般人不敢輕易涉足。

但是宓本常就想賭一把，想藉此大賺一筆。但事實卻事與願違，宓本常的三船貨物在吳淞口外遇到風暴沉了，而他挪用錢莊銀子的事也被胡雪巖察覺，最後，他還不起這筆銀子，只好自殺。

宓本常挪用的這筆款子，致使胡雪巖在阜康錢莊出現擠兌風潮時，更加無力支付客戶的存款，這也間接加速了胡雪巖商業帝國的倒塌。

這個教訓告訴我們，授權不等於放權，授權越大，風險係數也就越大。信任授權對象，不代表摒棄風險控制，而是要形成一個授權的監督機制，依靠完善的授權管理制度對授權相關人員進行約束。

授權後，對被授權者的實際運用情況，授權者要定期進行檢查、評估，可採取「扶上馬，再送上一程」的策略，做好相應的指導工作。而針對不同能力的員工，授權控制的程度也應有所不同。對能力較強的員工，控制和指導可以少一些；反之，對能力較弱的員工，控制和指導應相對多一些。

建立內部控制機制可以通過定期抽查進行補充，以確保下屬沒有濫用權力。但也要注意物極必反，如果控制過度，就等於剝奪了下屬的權力，授權所帶來的許多激勵自然也會喪失。

肆 價值觀是用人的前提

守規矩就是遵從某種規則或律令。正是由於規則或律令的要求和限制，人們才有限度地做一些事，或接受某種自己不願接受的事實。而這些規則和律令一般可分爲兩類：一類是別人爲自己訂立的，一類是自己爲自己訂立的。

古人之所以要強調守規矩，多半是出於對外在規則和律令的服從和懼怕。在現代社會中，所謂的守規矩則不只如此，它更是一種自我立法、自我約束之下的克制，遵從的是自己內心的道德準則。現在人們說的守規矩不像傳統社會那樣，是一種自我犧牲、殉道或所謂的忠誠，它是一種自我認可的準則，是自我實現的方式，唯有遵從內在的規則，人才是可信的、可共事的。

這個道理，也就是現代管理說的「價值觀是用人的前提」。在企業選拔人才的時候，價值觀是第一位的。

下面我們來看看胡雪巖是怎樣選拔人才的。

劉慶生原是別的錢莊的夥計，卻被胡雪巖提拔為阜康錢莊的擋手（經理），為什麼呢？除了為人誠懇、辦事認真熱情之外，劉慶生的才能才是最吸引胡雪巖的地方。

胡雪巖以前當夥計時就聽說過劉慶生這個人，知道他老實又能幹。出來自己創業後，胡雪巖便決定用他，並且打算好好地栽培他。首先，他對劉慶生進行了一番面試，是怎樣面試的呢？

先是空話說了一個鐘頭，胡雪巖看劉慶生毫無惱色，感到非常滿意，因為這考的是耐性。既然是做擋手，就要多應酬，要有很好的人際關係，能夠耐著性子與人閒談是建立良好人際關係的基礎。

二是考本行，也就是業務。胡雪巖講了幾個錢莊中的難題，劉慶生回答得很有條理，而且很有自己的見解，胡雪巖感到很滿意。

三是考同業，即對同行業的評價。在這過程中，劉慶生居然將杭州城中的四十多家同行的牌號全背了出來，將各個同行的業務說得如數家珍。

經過這番面試之後，胡雪巖正式聘用了劉慶生。然後，胡雪巖給了劉慶生一筆錢，暗中觀察他是怎樣開張的。他看到劉慶生拿到錢後，首先租了一個精緻的小院落作為聯絡地點，他便放心了，知道劉慶生該花錢時是不會手軟的。

通過這些考驗的過程，胡雪巖知道劉慶生是一個值得信任的人，於是，胡雪巖把阜康錢莊全權交給劉慶生打理。而劉慶生也沒有令胡雪巖失望，開張不久就為他做了一件漂亮事。

當時，朝廷為了籌集資金，發行了一種官票。官票是一種紙幣，但是朝廷卻用它向杭州各錢莊派銷廿五萬兩銀子。朝廷要求先付百分之六十，剩下的百分之四十兩個月內交清。這是要現金的，各大錢莊紛紛叫苦，又不敢不買，只說買多少就交多少現金。他們想，這是朝廷敲竹槓，交出去的錢就別想要回來了。

而劉慶生和胡雪巖討論之後，卻不這樣認為。朝廷這是第一次用這種方法籌集民間資金，如果不兌現，就會失去信譽，他相信朝廷一定會還這筆錢。於是，他一下子就認領了兩萬兩的官票，此舉一下就打開了朝廷在杭州派銷的大門，杭州很快完成了任務。這件事，劉慶生做得漂亮，他的回報很快就來了。

不出劉慶生所料，朝廷很快就兌現了銀子，而且還大大表彰了阜康錢莊，將浙江的官銀通過阜康錢莊匯遞到京城。經由此事，阜康錢莊不僅名聲大震，還大賺了一筆。

企業選人用人時，除了要關注專業技術層面的能力外，還要看他的觀念與企業價值觀是否相符合。在現代成功的企業中，越來越多的企業在招聘人才時，提出了與企業價值觀相符的用人標準。

研究蒙牛的企業文化，我們不難看出蒙牛對企業對人才的要求。蒙牛對企業的要求有三個，兩高：目標高、境界高；兩強：文化創新力強、核心競爭力強；三型：學習型、尊重型、競爭型。蒙牛對員工的要求是：胸懷像草原一樣寬廣，思維像駿馬一樣馳騁，眼光像雄鷹一樣高遠，品格像哈達一樣高潔。所以，蒙牛的價值觀是適應變化、創造機會、實現人生價值。蒙牛對價值的理解是：人的價值大於物的價值；企業價值大於個人價值；社會價值大於企業價值。

基於這種價值觀，蒙牛在招聘人才時，要求要有德有才、德才兼備。其實這也是中國傳統的人才標準。

綜上所述，企業在招聘人才時，一定要明確企業的用人標準，而企業的用人標準要從兩個方面去分析：一方面是從招聘的崗位去分析，分析崗位的職責與要求，更具體的要從招聘的崗位的績效目標以及實現績效目標所需的能力與素質去分析；另一方面是從企業文化去分析，尤其是從企業文化核心層去分析，即企業價值觀，以及由企業價值觀決定的人才觀。只有這樣，從企業文化、崗位去全面地分析，才能確定企業招聘人才的真正標準是什麼。

伍 捨得投資人才，建立員工忠誠度

胡雪巖的事業在短短十年之間，跨足錢莊、生絲、軍火、糧食各個行業，財富如雪球般越滾越大，其中很重要的一個原因是他身邊有一群專業而且忠誠的員工為他賣命，這使胡雪巖可以在一種生意創辦沒多久就放手投入別的行當。

胡雪巖收攬人心，使圍攏在他身邊的專業人才死心塌地地留在他身邊，而他的方法之一是——慷慨。

胡雪巖說：「人要留得住，薪水不妨多送一些。一分錢一分貨，人也是一樣。」不過，胡雪巖並不是在涉足商場之初就懂得延攬人才的學問，他用人的智慧得自友人嵇鶴齡的啓發。

嵇鶴齡是一名屢試不第的書生。胡雪巖對讀書人一向敬重，雖然嵇鶴齡鬱鬱不得志，卻仍然將之視為知心好友。

有一次，胡雪巖為他旗下行號的人事問題深感困擾，並為此事請教於嵇鶴齡。嵇鶴齡對他說了一句話，這句話無疑是胡雪巖日後延攬人才和用人的一大啟迪。

嵇鶴齡說：「有錢沒有用，要有人。自已不懂沒關係，要敬重懂的人。用的人沒本事無妨，只要肯用人的名聲傳出去，有本事的人自然會投到門下來。」

這番話對當時的胡雪巖而言，無疑是醍醐灌頂。胡雪巖本是商場中人，自然能夠心領神會。自此，他用人的格局大開，器度更勝過往。

自己就算有通天的本事，終究獨木難成林。胡雪巖認為，每一個員工都是請來幫自已的人，而且，越有本事的人越要別人幫。對員工的寬厚、尊重和禮遇，背後所顯示的正是胡雪巖在事業上的遠見和企圖心。

胡雪巖經營的事業所任用的專業人才不多，但要想事業長長久久經營下去，人事一定要穩定。因此，胡雪巖用大筆的金錢投資員工的忠誠。例如，他聘用劉慶生做阜康錢莊的掌櫃，給他優渥的報酬，並讓他把在家鄉的一家老小接來，以安定劉慶生的心思。此舉展現了胡雪巖對專業人才的尊重，也穩定了錢莊的主要人事。又比如，胡雪巖同意預支員工一年的薪俸，使員工無後顧之憂，其目地也是為了穩定人事。這些都是胡雪巖為了使企業長久經營所採取的策略。

有這樣一句話：你對未來所能做的最好投資就是接受教育。同理，企業對未來所能做的最好投資就是讓員工接受教育。

二十世紀九〇年代，美國摩托羅拉公司每年在員工培訓上所花費用高達一點二億美元，占工資成本總額的百分之三點六；美國聯邦快遞公司每年耗資二點二五億美元用於員工培訓，其培訓費用占公司總開支的百分之三；中國海爾集團則大手筆地建立了用於內部員工培訓的海爾大學，海爾大學擁有多媒體語音室、遠端培訓的電腦室和國際學術交流室等。而這些國際性的大公司之所以能站在行業發展的前列，與捨得在員工培訓上投資不無關係。

從這個意義上講，對人才的投資，就是「謀」。投資的多少與途徑，影響到「謀」的效果，決定著「勢」的強弱。

當代管理大師傑克·韋爾奇對他的全球高級經理說：「你們的工作就是每天把全世界各地最優秀的人才招攬過來。這就是你們的工作，每天吸引全球最優秀的人才……你必須招攬世界最優秀的成員，因為你們有最好的聲譽去吸引他們，你們也有辦法，你們還有股票期權。我們有種種方法可以招攬最佳人才。如果你們只是隨便找幾個人來工作，你們應該感到恥辱。不管種族或性別，只挑選最好的人才是領導者的職責所在。」

當然，儘管人才是企業的資產，但是「企業不賺錢就是罪惡」，不能要求所有的企業都對員工投資。因此，從員工的角度來看，必須提高自身的專業訓練和附加價值，才能使自己成爲企業投資的對象。

·第十課·

團隊管理，賞罰分明

胡雪巖語錄

要於正途上勤勤懇懇去努力，生意才會長久，所得才是該得。飛來的橫財不是財，帶來的橫禍恰是禍。

無道取財之人必遭懲

「做生意還是從正路上去走最好。」胡雪巖經常對自己的合作夥伴這樣說。

胡雪巖與龐二聯手「銷洋莊」，本來所有事情都進展得很順利，不成想龐二在上海絲行的擋手朱福年貪圖個人利益，為了自己「做小貨」——暗地裡拿著東家的錢自己做生意，賺錢歸自己，蝕本歸本家，中飽私囊，從中搗鬼，甚至對胡雪巖的生意從中作梗。朱福年私下對與胡雪巖做生意的洋人說：

「你不必擔心殺了價之後胡雪巖不肯賣給你，你根本不清楚他的實力，我知道，他是空架子，資本都是千方百計從別處挪來的，本錢擱在那裡，還要吃拆息，這把算盤怎麼打得通？不要說殺了價，他還有錢可賺，就是沒錢可賺，只要能保本，他就求之不得了。再說，新絲一上市，陳絲必然會跌價，更賣不掉。」

為了拆穿朱福年「做小貨」，將他收服，胡雪巖用了一計。

胡雪巖讓古應春暗中給朱福年的戶頭中存入五千兩銀子，並讓收款錢莊打了一個收條，然後讓古應春找到朱福年，謊稱由於手頭緊張，手中囤積的絲急於脫手兌現，願意以洋商開價的九點五折賣給龐二，也就是說，從中給朱福年五分的好處，約合一點六萬兩銀子，這五千兩銀子是頭付。

這算是胡雪巖與朱福年之間暗中進行的一樁「秘密交易」，不過，這筆「秘密交易」古應春在適當的時候一定會透露給龐二。朱福年如果收下這五千兩銀子，就等於掉進了胡雪巖佈設的陷阱。朱福年如果敢私吞這筆銀子，背著龐二暗中「做小貨」，那就犯了商業中當夥計的大忌，到時候，胡雪巖托人將此事透露給龐二，朱福年必會丟掉絲行擋手的差事。

如果他老老實實將這筆錢歸入絲行的賬上，跟龐二說是幫胡雪巖生意上的忙，十足墊付，背著龐二暗地裡收個九五回扣，這也是開花賬，對不起東家；或者他老老實實，替龐二打九五折收胡雪巖的蠶絲，賺進一點六萬兩銀子歸入公賬，那麼，胡雪巖有這張五千兩銀子的收據在手，也可以說他借東家的勢力敲竹槓，吃裡扒外，如果不是胡雪巖送了這五千兩銀子，他的生絲賣不到這個價錢，也就是說，本來洋人只出八五折，就是因為姓朱的收了五千兩銀子的賄賂，才聯手提到九五折，這樣，朱福年一樣會失去龐二的信任。總之，朱福年是豬八戒照鏡子，裡外不是人。

胡雪巖的計策果然生效，朱福年不僅被胡雪巖收拾得服服貼貼，還退還了那五千兩銀子，而此時古應春也暗中留了一手，另外給他一張收條，留下了原來存銀時錢莊開出的筆據原件，作為以後可以利用對付朱福年的把柄。

當古應春將此事告知胡雪巖時，胡雪巖說：「不必這樣，一則龐二很講交情，必定有句話給我；二則朱福年也知道厲害了，何必一定要讓他丟了絲行的差事。我們還是從正路上去走最好。」

生意場上，經商就是爲了賺錢，目的就是要把別人口袋裡的銀子「掏」到自己的腰包裡來。商人圖利，不過，賺錢要走正道，要光明正大地從別人口袋裡「掏」銀子，並且要做到讓別人心甘情願地讓你來「掏」。這當然不是一件容易的事，其中需要許多技巧和訣竅，這就是所謂的「生財之道」。不懂得生財之道，「君子愛財」終歸只能是愛而已，絕對是取不來的。

胡雪巖馳騁商場，十分注重「做」招牌、「做」面子、「做」場面、「做」信用，而且善於廣羅人才，經營在官場、江湖中的靠山，樂於施財揚名，廣結人緣……這些措施，就是胡雪巖的生財之道，而且也確實行之有效，爲他掙得了許多銀子。

此外，這裡的「道」還有取財而不違背良心、不損害道義的含義。經商之道，首先是爲人之道。一個跟頭跌進錢眼裡，心中只有錢而沒有做人的基本原則，爲了錢不惜坑蒙拐騙，傷天害理，便是奸商，這種人即使擁有的財富再多，也爲人們所不齒。

企業在出現下列情況的時候，管理者應該將相關人員淘汰出局或者嚴格懲罰。

第一，沒有共同的價值觀，不認同公司的理念。

第二，不能勇於承擔責任。

第三，不能勇於克服困難，不能夠經受考驗，在順境狂妄自大，在逆境喪失信心。

第四，沒有執行力，在領導考慮不周或工作計畫不明確的情況下，沒有主動執行的勇氣和責任心。

第五，從自身利益出發誤導領導。

第六，接受商業賄賂。採購成本（**包括做廣告等**）高於對方公開報價或明顯高於市場價格的，均視爲已經接受商業賄賂。

把恰當的人放在恰當的位置上

在廿一世紀，企業之間的競爭在很大程度上就是人力資源的競爭，這要求企業一定要注意對人才的培養。在選擇和使用人才時要量才使用，做到適才適用，才能使其內在的潛力得到最充分的發揮。

陳世龍外號「小和尚」，原是一個整日混跡於湖州賭場街頭，吃喝玩賭無所不精的「混混」，這樣的人在別人眼裡，自然是不值一提。胡雪巖當年在拜訪湖州郁四的時候，由於之前沒有打過交道，胡雪巖便在一間酒館裡問有誰可以送他到郁四的住處。

這時，陳世龍走了出來，拉上黃包車，一直將胡雪巖送到目的地。

胡雪巖在與陳世龍閒聊的過程中，發現此人不但頭腦聰明，幹事也挺俐落，便想用此人日後為自己跑跑腿。當胡雪巖提出要將陳世龍帶在身邊幫忙時，郁四卻不是很放心，他勸胡雪巖放棄這個打算，覺得把陳世龍帶在身邊會受託累。

但胡雪巖對「小和尚」卻頗為欣賞，認為他雖不是做擋手的材料，卻是一個跑外場的好手，因而決意要栽培他。

在確定陳世龍能改掉賭博的惡習後，胡雪巖便開始重點培養他。後來，陳世龍在湖州線業生意中獨當一面，全權處理湖州的一切事務，是胡雪巖不可或缺的幫手之一。

胡雪巖之所以欣賞陳世龍，主要有三個考慮：

第一，陳世龍腦子很靈活。胡雪巖與陳世龍認識，僅是很偶然的一面之緣。但就這一面之緣，胡雪巖發現他與人交接不怯懦，對胡雪巖提出的問題既對答如流，又合適得體。胡雪巖對他的第一印象就是「這後生可以造就」。

第二，陳世龍不吃裡扒外。這是胡雪巖從郁四那裡瞭解到的。郁四雖然認爲「小和尚」太精，而且吃喝玩賭樣樣都來，但對他不吃裡扒外的品性給了相當公正的許價。

第三，陳世龍很有血性，說話算數。答應胡雪巖要戒賭後，雖然忍不住還是到賭場裡轉了一轉，但終歸還是拒絕了別人的蠱惑，沒有下場，這一點更讓胡雪巖看重。胡雪巖認人有一根本之法，看一個人怎麼樣，就是看他說話算不算數。

人才的情況是不斷變化的，所以管理者要允許人才崗位流動，能上能下。此外，要使崗位職責要求略高於人才的能力水準，這樣才具有挑戰性，催人奮進，最大限度地發揮人才的潛能，促進人才成長。

對於管理者來說，其主要職責就在於按照企業生產經營管理的要求和員工的素質特長，合理地「用兵點將」。

日本「重建大王」坪內壽夫就是一個「點將」高手，他在活用人才方面很具特色。

坪內壽夫指出：「每個企業都有一些『窗邊族』，也就是專門在窗邊待著，什麼也不必做，就可以領取高薪的人。終日賣命勤奮的員工，看到這些悠閒的『窗邊族』，心中當然會有所不滿。如果公司無法改變這種現象，恐怕會難以服眾。我們講究的是勞動價值，假如公司存在遊手好閒者，其他人自然也會缺乏工作意願。如果在我們的公司裡有這種人，我就會把這些『窗邊族』另派用場，在造船部門中，是絕對不會看見一個『窗邊族』的。

「遇到這種『窗邊族』的時候，我會讓他明白，他一旦留在造船所，其他人勢必會在他的影響下學著不工作，所以他應該離開這裡。但我保證給他足夠維持生活的薪資，替他另外找一個可以發揮其特長的工作，或者把他調到適合他的工作崗位上。領導者只有妥善處理這些『窗邊族』，才能為公司的成長和發展奠定好基礎。」

坪內壽夫所宣導就是適才適所。適才適所指的是要根據員工的不同情況，將其安排到最適合他們的工作崗位上去。實施的結果使得原先只從事造船業的人，覺得自己還能夠從事其他工作。事實證明：很多人嘗試新的工作後，很驚訝自己的能力，發現自己對新的工作竟也得心應手。

所以，在坪內壽夫的企業裡，員工們根本就不必擔心自己無用武之地。

每個人都有自己的優點，管理者若能善用其所長以處事，必會收到事半功倍的效果。

企業講究的是團隊合作，爲了落實企業經營的策略和目的，必須延聘各種不同的人才。就像打棒球一樣，一個球隊中球員的專業程度相近，但球員卻各有專長，有人擅長打擊，有人擅長防守，有人擅長跑壘……藉由球員不同的專長而形成一支強勁的隊伍。這樣，團隊的成員是多元化的，維繫彼此的是大家共同的價値觀。

很多管理者在用人的態度上抱持完美主義，將自己當成一面鏡子，希望透過自己這面鏡子折射出跟自己一模一樣的員工。但管理者的工作不是複製而是帶領一個團隊，要爲企業做全盤規劃、設定目標，然後延攬優秀的人才，將適當的人才放在適當的位置，並且爲其提供資源、激勵士氣，使每一個人都能充分發揮能力。管理者的角色應該像一個球隊的教練一樣，未必是最好的選手，卻沒有人會否定他的功能。胡雪巖爲了擴大事業版圖而大膽擢用不同的人才。他未來的目標夠遠大，因此用人的器度也像海納百川一樣能容納不同的人。經營現代的企業也一樣，必須和不同專長的人才通力合作，才能在激烈的商戰中突圍而出，進而擴大自己的版圖。

建立競爭激勵機制

在一個團體內部，競爭是一種客觀存在的現象，在正確思想的指導下，這種內部競爭對調動成員的積極性有重大意義：它能增強成員的心理內聚力，激發成員的積極性，從而提高工作效率；它還能增強成員的智力效應，使成員的注意力集中、記憶狀態良好、想像力豐富、思維敏捷、操作能力提高；此外，它還能緩和團體內部的矛盾，增強成員的集體榮譽感。因此，作爲企業管理者，很有必要將這種競爭引入企業內部，使之成爲激勵員工的一種手段。

胡雪巖建立了一種賞罰分明、能有效開發利用人的才能和專長的競爭激勵機制。

在胡慶餘堂，胡雪巖通過賞罰進行有效的管理。他的賞罰以實績為依據，出以公心。罰，不回避管理層，如辭退背後進讒的副擋手；賞，不忘記普通藥工。

胡雪巖除了給員工高薪外，還以利益激勵員工，主要有兩種方式：一種是紅利均沾，對於沒有資本的夥計，採取根據經營好壞年底分紅的方式；還有一種是入股合夥，即對有些資本的夥計，讓他們入股合夥，大家都有好處可得。這樣，員工在為胡雪巖效力的同時，也是在為自己效力。他們各自的利害得失與胡雪巖緊密相連，這樣，他們就會更加賣力地幹活。

著名管理學家利昂•弗斯廷格認爲，追求成功和滿足是人的一種本能，但是人們通常不是用絕對標準來衡量自己的成績，而是想方設法、竭盡全力去和別人進行比較。所以說，鼓勵內部競爭會給員工帶來壓力，進而產生激勵作用，使員工更加積極努力。

競爭的形式多種多樣，如銷售競賽、服務競賽、技術競賽、公開招投標、職位競選等。還有一些「隱形」的競爭，如定期公佈員工工作成績、定期評選最佳員工等。管理者可以根據企業的具體情況，不斷推出新的競爭方法。

無論採取什麼樣的形式，要想把競爭機制在組織中真正建立起來，都必須先解決下面三個問題，這也是建立競爭機制的三個關鍵點。

一、誘發員工的「逞能」欲望

在公司裡，有些員工願意並且希望能夠一試身手，展現自己的才能；而有的員工則由於種種原因，表現出一種「懷才不露」的狀態。這就給管理者提出了一個問題：如何引發員工的「逞能」欲望。

通常的做法有兩種：一種是物質引導，即按照一定原則，通過獎勵、提高待遇等槓桿，促使員工努力工作、積極進取。另一種是精神引導，這其中也分爲兩種情況：其一是事後鼓勵，比如在員工完成了一項任務後給予其表彰或表揚；其二是事前激勵，即在員工做某項工作之前就給予其恰當的激勵或鼓勵，使其對該項工作的完成產生強烈的欲望，這樣一來，其求勝心理必然會被成功的意識所支配，從而使之樂於接受任務並竭盡全力地完成它。

二、強化員工的榮辱意識

榮辱意識是使員工勇於競爭的基礎條件之一。但是有的人榮辱意識非常強烈，而有的人榮辱意識則比較薄弱，甚至有的人幾乎不知榮辱。因此，管理者在啓動競爭機制前，必須強化員工的榮辱意識。

強化榮辱意識，首先要激發員工的自尊心。自尊心是人的重要精神支柱，是進取的重要動力，並且與人的榮辱意識有著密切聯繫。自尊心的喪失容易使人變得妄自菲薄、情緒低落，甚至內心鬱鬱不滿，從而極大地影響勞動積極性。但並不是每個人都具有強烈的自尊心。

根據有關分析表明，人的自尊心的表現程度大致分爲三種類型，即自大型、自勉型和自卑型。對於第一種人來說，他們的榮辱感極強，甚至表現爲只能受榮而不能受辱，這種榮辱感往往帶有強烈的忌妒色彩，這就要求管理者對他們加以正確引導，以防止極端情況發生；對於第二種人來說，其榮辱意識也比較強，管理者只需要稍作引導就可以了；而對於第三種人，管理者必須通過教育、啓發等各種辦法來激發其自尊心，引導其認識自身的能力和價值。

強化員工榮辱意識還必須明確榮辱的標準。究竟何爲「榮」，何爲「辱」，應該讓員工有一個明確的認識。在現實中，榮辱的區分確實存在問題。比如說，有的人把弄虛作假當成一種能力，而有的人則對此嗤之以鼻；有的人把求實看作無能的表現，而有的人則認爲這是忠誠的表現。所以，管理者應當幫助員工樹立正確的榮辱觀，這樣才能保證競爭機制的良性發展。

此外，強化員工榮辱意識還必須使其在工作過程中具體地表現出來，應當讓員工們看到：進者榮，退者辱；先者榮，後者辱；正者榮，邪者辱。這樣，員工們的榮辱意識必然能得到增強，其進取之心也會得到激發。

三、給予員工充分的競爭機會

在員工中引入競爭機制的目的是爲了激勵員工，做到人盡其才，同時發展團隊的事業。爲此，管理者必須爲員工提供各種競爭的條件，尤其是要給予每個人充分的競爭機會。這些機會主要包括人盡其才的機會、將功補過的機會、培訓的機會以及獲得提拔的機會等。在給予這些機會時，管理者必須注意以下三個原則：

第一，機會均等原則。這就是說，不僅在競爭面前人人平等，在提供競爭的條件上也應當人人平等。這些條件通常是指物質條件、選擇的權力等。

第二，因事設人原則。在一個團隊裡，由於受到事業發展的約束，競爭的機會只能根據事業發展的需要而定。管理者雖然應當爲員工取得進步鋪平道路，但是這種進步的方向是確定的，即團隊事業的發展和成功。

第三，連續原則。這是指機會的給予不能是「定量供應」，也不能是「平等供應」和「按期供應」，而應該是在工作過程中不斷地給予員工，使其在努力完成了一個目標之後接著又有新的目標。換言之，就是讓員工在任何時候都能獲得通過競爭以實現進步的機會和條件。

有競爭才會有壓力，有壓力才會有動力，有動力才會有活力。企業引進競爭機制，培養員工的競爭意識，能有效地激勵員工，激發他們的學習動力，轉移他們的興奮點，從而減少矛盾的產生，讓公司上下生機勃勃。這是管理者工作的藝術，也是企業取得成功的關鍵。

優秀的領導，能辨出真偽優劣

我們在判斷衡量眼前事物的時候，總是以自己那一丁點兒社會生活經驗爲依據，所以「失之毫釐，謬以千里」的情況比比皆是。最麻煩的是，我們還會爲自己論證一番，將假象當作真理，自欺的同時還欺騙了他人。

俗話說：耳聽爲虛，眼見爲實。但有時候，眼見卻也未必爲實。

我們只看到某個事件的冰山一角，卻以爲自己看到了全部，自以爲手握真理，但其實眼中看到的與事實的真相不知道相差了多少。在現實生活中，有些人就專門利用別人的認識錯誤來給自己謀利。

眼見不一定爲實，遇到事情，倘若完全相信自己的眼睛，完全認定表面的現象，不加深入分析和思考，必將產生謬誤。所以，認識事物不能光看表面，而要透過現象看清本質。

有一次，胡雪巖創辦的胡慶餘堂在進貨的時候，一個採購人員不小心把豹骨誤作虎骨買了進來，而且數量不少，有好幾千兩銀子。管理倉庫的余生認為這個採購人員平日裡做事很靠得住，從來不會出什麼錯，是一個做事讓人放心的人，於是在忙亂之中沒有查看就把豹骨存入倉庫備用。

有個新提拔上來的副手得知此事之後，以為晉升的機會來了，便直接向胡雪巖打「小報告」。得知消息的胡雪巖立即到倉庫查看了這批藥材，之後，胡雪巖二話不說，就命藥工將豹骨全部銷毀。

面對這種情況，倉庫管理人余生羞愧地向胡雪巖遞交了辭呈。但令人沒有想到的是，胡雪巖不但沒有批准余生辭職，還好言相勸說：「忙中出錯，在所難免，以後小心就是。」但對那位自以為舉報有功、等著獎賞的副手，胡雪巖卻給了一張辭退書。因為在胡雪巖看來，身為副手，發現進貨出現問題不及時向余生彙報，已是瀆職，而背後打「小報告」更是心術不正，繼續使用這種人，肯定會上下造成隔閡。

在一個單位中，有些下屬能做事、會做事、肯做事，卻不會表現自己；而有些下屬，做人不踏實，做事也不勤懇，偏偏在領導面前表現得兢兢業業，光會做些表面文章。管理者要有識人的能力，不能被那些只會做表面工夫的人蒙蔽。

孔子師徒在陳、蔡之野被圍困，沒有食物可以吃，弟子們被餓了七天，個個面黃肌瘦。子貢見此，克服重重困難，突破重圍，用自己身上的財物買了一石米回來，希望給大家充饑。

米買回來後，顏回與子路找了一口大鍋，在一間破屋子裡為大家煮稀粥。不巧，煮粥時屋頂一塊汙物掉進了鍋裡，顏回便將被汙物弄髒的粥舀出來吃掉了。此時，子貢恰好經過，一扭頭，正好看到顏回拿著一小勺粥往嘴裡送。子貢以為顏回偷吃，有些不高興，但他沒有上前質問顏回，而是走到了孔子的房間。

子貢見了孔子，行禮後，問孔子：「仁人廉士，會因為窮困而改變氣節嗎？」

孔子回答道：「如果在窮困的時候就改變了氣節，那怎麼還能算是仁人廉士呢？」

子貢接著問孔子：「像顏回這樣的人，該不會改變他的氣節吧？」

孔子回答：「當然不會。」

接著，子貢便將看到顏回偷吃粥的事告訴了孔子。孔子聽後說道：「我相信顏回的人品，雖然你這麼說，但我還是不能因為這一件事就懷疑他，可能其中有什麼緣故，你先不要說明，我先問問他。」

於是，孔子召來顏回，對他說：「我前幾天夢到了自己的祖先，想必是要護佑我們吧？你粥做好了之後，我準備先祭祀祖先。」

顏回聽了，恭敬地說道：「學生剛才在煮粥的時候，屋頂掉下了一小塊黑色的塵土到粥裡，粥就不乾淨了，學生就用勺子舀起來，要把它倒掉，又覺得可惜，於是便吃了它。吃過的粥再來祭祀先祖，是不恭敬的啊！」

孔子聽後說：「原來如此，如果是我，我也一樣會吃了它的。」

顏回退出去之後，孔子回頭對幾位在場的弟子們說：「我對顏回的信任，其實是不用等到今天才來證實的。」

幾位弟子由此才信服。

一個優秀的領導，應當能夠辨出誰是真正有能力的人；而不合格的領導，則會讚賞那些表面光鮮、內裡卻一無是處的屬下，反而對真正有能力的屬下熟視無睹。

世間萬物，真真假假，虛虛實實。人身上也有許多似是而非的東西，看似優點，其實是致命缺點。所以，用人者不能被假象所迷惑，要透過表面現象看清本質，才能發現和用好具有真才實學之人，而不至於魚目混珠。

那麼，究竟哪些人不可利用呢？

一、不用華而不實者

華而不實的人口齒伶俐，能說會道，口若懸河，滔滔不絕。剛接觸時，往往會給人留下良好印象，並讓人誤認爲是一個知識豐富、又善表達的人。而且，這種人能將許多時髦理論掛在嘴上，迷惑許多識辨力差、知識不豐富的人。

三國鼎立之時，北方青州有一個叫隱蕃的人逃到東吳，對孫權講了一大堆漂亮話，對時局政事也進行了一番分析，辭令嚴謹。

孫權被他的才華打動，徵詢陪坐的胡綜：「如何？」胡綜（也是一個了不起的人才）說：「他的話，大處有東方朔的滑稽，巧捷詭辯有點兒像禰衡，但才不如二人。」

孫權又問：「當什麼職務呢？」

「不能治民，派小官試試。」

考慮到隱蕃的談吐淨是刑獄之道，孫權便派他到刑部任職。左將軍朱據等人都說隱蕃有王佐之才，為他的大材小用叫屈，並親自宣揚。因此，隱蕃家門前車水馬龍，賓客滿座。當時人都奇怪這種有人說隱蕃好、有人說隱蕃壞的情況。到後來，隱蕃作亂於東吳，事發逃走，被捕回而誅。

二、不用貌似博學者

貌似博學的人多少有一些才華，也懂得其他各門各類的知識，泛泛而談也不無道理，看起來博學多才。但是，如果是博而不精、雜而不純，未免有欺人耳目之嫌。貌似博學者大多是青少年時讀了些書，興趣愛好也還廣泛，但是因為小聰明，或者是未得名師指點，或者是學習條件與環境的限制，終未能更上一層樓，去學習更精專、更廣博的東西。待學習的黃金年齡一過，儘管有精專的願望，但已力不從心，最終學識停留在少年時代的高峰水準。即使以後具有這樣那樣的深造環境，但由於意志力軟弱，也只是涉獵一些新知識的皮毛，淺嘗輒止。

這種人是命運悲劇，尚可以諒解。如果是以貌似多學招搖撞騙，則不足為論了。

三、不用不懂裝懂者

不懂裝懂的人，生活中確實不少，尤其以成年之後為甚，完全是因為愛面子、怕人嘲笑所致。有一種不懂裝懂者是可怕的，他會因不懂裝懂給企業帶來巨大損失，尤其是技術上的損失。還有一類不懂裝懂的，是為了迎合討好某人，這種情況，有的是違心而爲，在某種特殊場合不得不如此，有的則是逢迎拍馬，一味奉承。

四、不用濫竽充數者

這類人往往有一定的生活經驗，知道如何偷機躲懶，維護個人形象，總是在別人後面發言，圍繞前面的人講過的觀點和意見，並無新的見解和主張，如果整合得巧妙，使人難以覺察他濫竽充數的本質，反而讓人誤以爲見解精闢。

五、不用避實就虛者

避實就虛的人多少有一點兒才幹，會用一些歪門邪道的辦法混到某個職位上去。當親臨戰場時，比如現場提問、現場辦公，這種人因無力應付，會很圓滑地採用避實就虛的技巧處理。其實，這也是一種本事。這種人當副手無大礙，但還是小心爲上，否則他會悄悄地捅出一個無法彌補的大簍子來。

六、不用鸚鵡學舌者

這種人自己沒有什麼獨到的見解和主張，但善於吸收別人的精華，轉過身來就對其他人大肆宣揚，也不講明是聽來的。不知情者，自然會把他當雄才來看待。這種行爲，說嚴重一點是剽竊，因不負法律責任，因而大行其道。這種人沒什麼實際才幹，但模仿能力強，這也是他的優點，可適當加以利用。

七、不用固執己見者

固執己見的人爭強好鬥，不肯服輸，不論有理無理都一個樣。這類理不直但氣很壯的人在生活中隨處可見。對待他們一個較好的辦法是敬而遠之，不與之爭論。如果事關重大，必須說服他才能使正確的決策得以實施，應分析他是哪一類人：本來賢明而一時糊塗的，以理服之，並據理力爭，堅持到底；私心太重而沉迷不醒的，則用迂迴曲折之道，半探半究地講到他心坎上去；實在是個糊塗蟲，不可理喻、頑固不化的，就動用權力壓制他。

·第十一課·

領導力——善於駕馭全域

胡雪巖語錄

做錯了不要緊，
有我在錯不到哪裡去，大膽去做。

壹 得饒人處且饒人

胡雪巖曾說：「饒人一條路，傷人一堵牆。」一直以來，他都把這句話作爲自己的座右銘去身體力行。

當初朱福年為了一己私欲，在胡雪巖與洋人的生絲生意中作梗，差點兒打亂胡雪巖的全盤計畫。胡雪巖雖設計抓到了朱福年的把柄，卻並沒有趕盡殺絕，而是給他彌補過錯的機會，由此徹底收服朱福年為己所用。後來，朱福年果然為胡雪巖的商業帝國立下了不小的功勞。

如果胡雪巖在得知朱福年的所作所為後，二話不說就讓龐二把朱福年辭退，也許他心裡會好受一些，但這樣做卻會讓他手下的其他夥計人人自危，個個小心翼翼。如此，還有誰敢大膽地做事呢？

胡雪巖沒有追究朱福年的責任，首先，朱福年會感謝胡雪巖的寬容，同時，他手下的其他人也會對胡雪巖產生敬佩之情。如此，胡雪巖雖然損失了幾千兩銀子，得到的卻是大夥的忠心。

對別人總是吹毛求疵的人肯定不會受歡迎，更何況是與他做朋友。所以，生意場上多為別人留一條退路，其實也是在為自己留一條出路。

身為一個管理者，正視自身和下屬的缺點很重要，但同時也要有包容不足的胸襟。在一個企業中，領導與下屬之間應是相互聯繫、相互配合的整體。無論能力多麼突出的領導，一旦離開了其他人的支持與配合，就會陷入孤立無援的境地。管理者動不動對別人「怒髮衝冠」，這樣的企業必然人心渙散，缺乏凝聚力。

老話說得好：將軍額上能跑馬，宰相肚裡能撐船。作為一名管理者，就要有管理者的風範和修養。寬大為懷才配得起管理者的身分，若是凡事都以牙還牙、睚眥必報，就缺少了領導的風度與博大的胸懷。

美國管理學者阿里德赫斯說：「能長期生存的公司都是寬容的公司，寬容的公司才會長壽。」領導的大度不但是一種胸襟，也是一種可以在企業競爭中獲得更多機會的美德。

古人云：「人非聖賢，孰能無過。」在這個世界上，只要是人，就會有犯錯的一天。作為一個管理者，要容得下屬下的些許過失，不能因為一丁點兒小錯誤就大發脾氣，一竿子把人打翻。

南懷瑾先生說：「領導者分為三個境界：一是沒能力，有脾氣；二是有能力，也有脾氣；三是有能力，沒脾氣。」欲用無過之才，將永無可用之才。知錯能改，善莫大焉！屬下有了過失，只要肯改正，不必太過苛責。一有過失，便置之不用，是對人才的浪費。而且，犯錯誤並非全是壞事，若是能端正態度，尋找原因，下次就可以避免再犯同樣的錯誤。

學點「統御」的技巧

管理者「統御」的主要對象是下屬，是各種各樣不同的人。既然是不同的人，統御的方法也要有所區別。管理者要對各種管人的技巧靈活、綜合地運用，方能最大限度地發揮員工的能動性。

管理者只有運用智慧講究技巧，才能做到統御有效率，才能對組織施加推力而不是阻力。

有一次，胡雪巖為左宗棠購買了一大批洋槍，但胡雪巖要把這批洋槍運往浙江與太平軍戰鬥的前線去。本來胡雪巖每次購買的洋槍從上海運往浙江都是由當時的松江漕幫協運，沒有出過什麼問題。可這一次卻出現了麻煩。太平軍

方面通過間諜得知了這批軍火的運送路線及時間，想在半路上把軍火給截下來。但是，截取這麼大一批軍火不是一件容易的事，太平軍便計畫從漕幫內部人員著手。他們找到了俞武成，這個俞武成是漕幫老大魏老爺子的拜把兄弟。找到他之後，經過一番計畫，一切佈置妥當，只等這批軍火一運到松江，就動手截留下來。

但是，胡雪巖也通過密探得知了太平軍要截留軍火的消息，心中十分不安。要是這批軍火落到太平軍手裡，那不僅對不住左宗棠，也會對湘軍不利。但問題是，漕幫的大當家是魏老爺子，而俞武成又是他的拜把子兄弟，如果胡雪巖對俞武成動手，阻止他截留軍火，那麼俞武成必定會找魏老爺子幫忙，到時候，胡雪巖就要與魏老爺子為敵。但是魏老爺子是漕幫的老大，而胡雪巖的生意還要依賴漕幫的水運，而且，魏老爺子也是胡雪巖的朋友，與他為敵必定會傷雙方的和氣，這樣的層層利害關係搞得胡雪巖一時難有良策。

最後，胡雪巖不得不去拜訪魏老爺子，把清政府與太平軍的實力分析了一遍，認為清政府打敗太平軍指日可待，要是清政府打敗了太平軍，漕幫在截留軍火方面的罪行就會受到清政府的追查。魏老爺子是聰明人，在這種形勢下，心中不免開始動搖。看到這種情形，胡雪巖覺得機會來了，於是趁熱打鐵，說只要魏老爺子能阻止俞武成截留軍火，就會送給魏老爺子十萬兩銀子。這下，魏老爺子徹底動心了。

為了幫助胡雪巖，阻止俞武成動手，魏老爺子決定和俞武成斷交。本來是拜把子兄弟的交情，現在卻因為無奈而到了反目的關口，在一般人看來，魏老爺子和俞武成的關係肯定會斷絕了。

但此時的胡雪巖卻另有一番打算。他不但要阻止俞武成動手截留軍火，還要讓他與魏老爺子的交情維持下去，彼此誰也不傷和氣。

俞武成有個九十歲的母親俞三婆婆，是個極厲害的角色。胡雪巖的計畫就是把她請出來，要她來說服她的兒子，這樣一來，魏老爺子和松江漕幫就不用為難了。

當胡雪巖找到這個俞三婆婆說明來意的時候，俞三婆婆卻在胡雪巖面前裝聾作啞，對他的話一概不理。面對這種情形，胡雪巖採取了對付魏老爺子一樣的辦法，他對俞三婆婆說明了自己的來意，一方面表示自己不願使松江漕幫為難，另一方面又表示不願意請兵護運這批軍火，怕跟俞武成發生衝突，傷了江湖義氣。

俞三婆婆畢竟是一個老江湖，聽出了胡雪巖話裡的意思，「不願請兵護運」就等於在指責俞武成搶劫軍械，這可是殺頭抄家的罪名。面對這樣的情況，俞三婆婆再也裝不下去了，她厲聲吩咐手下人去把自己的兒子找來。

胡雪巖在一旁見俞三婆婆生氣了，急忙好言相勸，說這事怪不得俞武成，自己也是道聽塗說，事情還不知真假。他來是想請俞三婆婆做主，請俞武成出面，以保軍火運送過程中的平安。聽胡雪巖這麼一說，俞三婆婆承諾此事理當效勞，這就意味著她會勸服俞武成退出截取軍火的活動。

可事情並沒有這麼簡單，俞武成手下有一批弟兄，這批人都是一些要錢不要命的人，只要他們截留軍火成功，太平軍就會給出豐厚的獎賞。為了這份獎賞，他們這批人準備了好長時間，現在卻要罷手，這不是到嘴的肥肉又飛了嗎？所以，俞武成現在也是騎虎難下，不過，這對胡雪巖而言卻並不是難事。

俞武成的這批手下弟兄看重的就是錢財，既然如此，給他們相應的錢財就行了。在利益面前，胡雪巖很快同俞武成達成協議，由胡雪巖報清軍發給這批人三個月糧餉，保證不誘降，事成後編入綠營軍。最後，軍火順利送達浙江，而相關的三方面人都沒有傷了和氣。

凡是需要管理的地方，都會有矛盾存在。作為一個企業管理者，處理下屬的矛盾有多種方法，但必須分清情況，靈活對待。

信任下級，調動積極性

在生意場上，只要是稍有規模的企業，就會有上下級之分。上級除了要做好自己的工作之外，還要致力於調動下級的積極性，讓他們放手去做，這樣才能一起把企業經營好。胡雪巖在這方面就做得很出色。

胡雪巖做的是大生意，他的心思更多地要放在大的關鍵性決策上，不可能在每件具體事務上都去操心。他要做的，就是規定幾項大的原則問題，其他的交給別人去發揮自己的才能幫他解決。管理者在一些局部問題上，所瞭解的總是沒有具體負責這部分生意的人多，如果真的在一些小問題上也要干預，反而會束縛下屬的手腳，勞心勞力卻事倍功半。因此，胡雪巖總是會給手下充分的自由，當然，前提是他對那些手下的才能有充分的瞭解，相信那些人可以擔當一定的任務。

管理者再勤勉也不可能顧及所有具體的事務，而且，事必躬親反而會影響對更爲重要事情的處理，因此，明智的管理者在看中手下的才能後，就要給他充分的自由。每個人都需要一種成就感，如果管理者凡事都指導下屬去做，下屬就會處於被

動的地位，遇到事情就去請示，這樣很容易降低工作效率；而如果管理者能夠信任下屬，由他們積極主動地去處理具體的工作，下屬就會從工作中得到極大的滿足，從而促使他們更好地工作。

古希臘有一個叫皮西厄斯的年輕人觸犯了國王，被投進了監獄，並即將處以死刑。皮西厄斯說：「我只有一個請求，讓我回家鄉一趟，向我熱愛的人告別。」

國王聽完，笑了起來：「我怎麼知道你會遵守諾言呢？你只是想逃命而已。」

這時，一個名叫達芒的年輕人說：「噢，國王！把我關進監獄，代替我的朋友皮西厄斯，讓他回家鄉看看，料理一下事情，向朋友們告別。我知道他一定會回來，因為他是一個從不失信的人。假如他在您規定的那天沒有回來，我情願替他去死。」

國王很驚訝，竟然有人這樣自告奮勇。最後，他同意讓皮西厄斯回家，並下令把達芒關進了監牢。

不久，處死皮西厄斯的日期快到了，可他卻沒有回來。國王命令獄吏嚴密看管達芒，別讓他逃掉了。但是達芒並沒有打算逃跑，他始終相信他的朋友是誠實而守信用的。他說：「如果皮西厄斯不準時回來，那也不會是他的錯，一定是因為他身不由己，受了阻礙不能回來。」

這一天終於到了，達芒做好了死的準備。此時的他對朋友的信賴依然堅定不移，他說，為自己最好的朋友去死，他不悲傷。獄吏前來帶他去刑場。就在這時，皮西厄斯出現在門口，暴風雨使他耽擱了一些時間，他一直擔心自己回來得太晚。他親熱地向達芒致意，達芒很高興，因為他的朋友準時回來了。

國王認為，像達芒和皮西厄斯這樣互相熱愛、互相信賴的人不應該受到不公正的懲罰，於是就把他倆都釋放了。

當然，信任別人不是指盲目地去相信，而要建立在瞭解這個人的人品、才能的基礎上。企業的領導者應該學習胡雪巖那種「疑人不用，用人不疑」的精神，充分調動下屬的積極性、主動性，使下屬樹立歸屬感，這樣，企業才容易越做越大。

肆 激發員工的潛能

怎樣才能讓下屬心甘情願地去做好工作呢？平時的優待能夠讓他們努力做好分內的事情，但是面對挑戰的時候，遇到棘手問題的時候呢？一個企業在發展過程中必然會有這樣的時候，管理者該怎麼做才能讓員工與他齊心協力地面對一個個挑戰呢？在分配下一個看似不可能完成的任務後，如果管理者自顧自走了，肯定會引起員工的逆反心理；可是親力親爲，又不符合管理者的身分。究竟該怎麼做呢？對此，胡雪巖有自己的解決方法。他充分理解「強扭的瓜不甜」這句話。胡雪巖說：「若是手下自己想去做，事情辦理起來就特別容易。」怎樣才能讓下屬也想要去做呢？胡雪巖很善於利用對手的激將法激起自己人的鬥志，同時，自己也會給下屬加油鼓勁。

有一次，胡雪巖從上海處理完事情回到杭州，看到一對年邁的老夫婦帶著一個患有癲癇的青年在胡慶餘堂裡求醫問藥。

胡雪巖有些好奇，就上前去打聽。原來這個青年是這對夫婦唯一的兒子，他剛中了舉人，卻沒想到癲癇症發病了。聽說只有龍虎丹才能治療這個病，但是其他的藥鋪都沒有買到。

他們也去過葉仲德堂，那裡的老闆說得來胡慶餘堂，還說如果能買到的話就跟他說一聲，他要拜胡雪巖為師。

老夫婦自然沒有聽出葉仲德堂的話中之意是在對胡慶餘堂進行挑釁，想要激胡雪巖去冒險。胡雪巖問堂裡的阿大能不能做這個藥，阿大說，龍虎丹中有一味藥的毒性太強，因此沒有人敢去做。但是胡雪巖卻向老夫婦保證說他們能做，讓他們半個月後來取藥。

胡雪巖在和藥工們說的時候，藥工們紛紛表示不應該攬下這個活，因為萬一出人命，就得打官司。但是胡雪巖沒有放棄，他反問大家說：這個藥是不是做不出來？大家回應說，不是做不出來，而是不能做，那味有劇毒的藥如果攪拌不均勻，分量稍微多一些就會吃死人。

胡雪巖則認為只要有藥方，能夠買到藥材，就可以做出藥來。但他並沒有撂下這句話就走，而是和大家一起積極想辦法，提議說能不能在製藥工具上做文章。在他的鼓勵下，大家終於想出用純金純銀的藥具來做龍虎丹的辦法。

在配藥的時候，胡雪巖親自到藥房看他們是否已將藥粉混勻。經過一番努力，龍虎丹終於做成了，而那個青年在吃了藥之後病也好了。胡雪巖大為高興，那些藥工們更是心情激動，認為沒有胡慶餘堂做不了的藥。

胡雪巖那麼爽快地應承下做這個藥，固然是出於對老夫婦的同情，同時也是激發員工的鬥志，發展企業。很多事情，單槍匹馬很難完成，必須眾人團結起來，精誠合作才行。中國有句諺語說：「人心齊，泰山移。」說的就是這個道理。

由此可見，在企業管理中，激將法是激勵員工發揮潛能的很有效的方法。

但是，激將法不能隨便亂用，否則很可能弄巧成拙。管理者在使用激將法時需要注意以下幾點：

一、要把握好分寸和尺度

管理者要想在管理過程中成功運用激將法，一定要掌握好分寸和尺度，不能過急，也不能過緩。過急，欲速則不達；過緩，員工可能無動於衷，難以激起員工的自尊心，也就達不到激勵的效果。此外，在使用激將法時還要注意對象、環境及條件，絕不能濫用。

二、要因人而異

管理者在運用激將法之前，首先要掌握員工的心理和行為特徵，比如，管理者要分析員工的心理承受能力有多大、個性潛能將發揮到哪一層次等。即使不能做到全盤把握，也要有個大概的評估，這是決定激將法能否成功的關鍵。

對於那些明白事理，因為偶爾犯錯或突然受挫以致暫時迷失方向、產生自卑感或自暴自棄的員工，激將法很容易達到激勵的效果；對於那些心理承受能力比較弱，已經在挫折中「風雨飄搖」，甚至不堪一擊的員工，如果再用激將法對他進行刺激，就很可能會導致他徹底崩潰；對於那些覺悟不高、自由散漫的員工，任憑你如何激他，他也很難被「啓動」；對於那些自身潛能也確實有限的員工，激將法有可能產生一時的感染力，但這種被激起的自信就像曇花一樣，很快會被他自己的實力不足擊垮。所以，管理者在運用激將法時，一定要因人而異。

三、從道義的角度去激員工

管理者在運用激將法時，可以從道義的角度去激員工，讓員工覺得不再是願不願意去幹的問題，而是應該、必須去幹。以道義激員工，恰恰觸及了員工內心深處道義的「軟肋」，這有利於激勵員工朝著正確的方向邁進。

伍 在生意外，多一層相知和溝通

人是有感情的動物，人人都難逃脫一個「情」字，儘管在商場上素來有認錢不認人之說，但是「人情生意」卻從未間斷過。鳥可爲食而亡，人卻可爲情所動。胡雪巖就是一個懂得投資「人情生意」的人。所謂投資「人情生意」，說簡單一點，就是在生意之外多一層相知和溝通，在人情世故上多一份關心，多一份相助。

積恩則昌，積怨則亡，胡雪巖很清楚這一點，所以，他特別注重人情，時常體察人情，關心他人的難處，對人講義氣，幫人排憂解難。與胡雪巖交往的人，大都佩服他的俠義之舉，願意和他做生意。他們不僅把胡雪巖看作生意人，更將其視爲朋友，甚至知己。胡雪巖四處與人爲善積累的恩德，就像隨手撒下的種子，爲他帶來了許多商機和回報。

胡雪巖能在生意場上結下好人緣，廣交朋友，並沒有什麼秘而不宣的訣竅。首先，用他自己的話說，便是自己不能做「半吊子」。所謂「半吊子」，就是不重信義，先打自己的小算盤。比如，胡雪巖在第一筆生絲生意交割之後，雖然盤下賬來白忙活了一場，且拉下了「倒賬」，卻不願讓朋友顆粒無收。

其次，爲別人著想。比如，松江漕幫看在胡雪巖的面子上，爲幫助王有齡解決漕米解運的一大難題，而不顧自己的經濟困難，寧可自己委屈。胡雪巖認爲，自己既然明白漕幫的困難，就不能再裝聾作啞，因此，胡雪巖決定貸款給漕幫以助他們渡過財政危機。

再者，學會寬恕，得容人時且容人。比如，當初因爲胡雪巖擅自做主，挪用了爲錢莊追回的死賬資助王有齡，信和擋手張胖子將他逐出了信和。但王有齡得官之後，還賬之時的胡雪巖並沒有借官勢去爲難報復張胖子，就連王有齡都對胡雪巖心生佩服並評之曰：「好寬的度量。」

第四，慷慨大方。胡雪巖在考察劉慶生之後，認爲他是個人才而決定用他之時，出手十分大方，年薪一下子就給到了二百兩銀子。當時住在杭州，一個月維持中等富足的生活，不過一二十兩銀子，而當時劉慶生只是一個站櫃臺的夥計。胡雪巖如此慷慨大方，必然能贏得人心，讓員工忠心耿耿地爲他工作。

由此看來，一個人能夠成爲領袖人物，讓手下的人成爲自己忠誠的朋友，爲自己真心辦事，掌握一些籠絡人心的技巧是十分重要的，但最基本也最重要的仍是自己的人品。胡雪巖認爲，只有靠自己的人格魅力與人傾情結交，才能得到爲自己實心辦事的生意場中的朋友。

其實，做生意投資人情，談的就是一個「緣」字，彼此能夠一拍即合。要保持長期的相互信任、相互關照的關係不是件容易的事，想成大事，就要不斷進行「感情投資」。尤其是在商場上，各自都有各自的利益，彼此都曉得商人多奸詐，人與人交往不能不防，所以很容易互相起疑心。如此，雙方很容易就會由合作轉爲對立，人情也變成了敵意。情場上，最愛的人常常會變成最恨的人，這在商場上同樣適用，相互仇視的對手，往往原先是最親密的夥伴。反目爲仇的原因，恐怕誰也說不清，留下的都是互相指責和怨恨。所以，無論什麼時候，「投資人情」都是十分必要的。

·第十二課·

頂級的交際高手

胡雪巖語錄

文固可進官封爵，然商亦可光耀門庭。在商言商，心懷天下，為商愛商。

說話要投其所好

世上沒有不愛聽讚美話的人。人活在世上，既需要同情、關心和尊重，亦需要虛榮心的滿足。

胡雪巖可謂是個絕頂的交際高手，無論對人對事，都深諳言語攻心之道。胡雪巖可以通過觀察一個人的喜好，大致說出讓那人感到舒心的話，且從不吝讚美之辭。這使胡雪巖在與他人交往時如魚得水。

胡雪巖結交「湖南騾子」左宗棠就是一個很好的例子。

有一天，剛剛佔領杭州的左宗棠坐在大帳內想心事：杭州連年戰爭，餓死百姓無數，無人耕作，許多地方更是「白骨露於野，千里無雞鳴」。自己帶數萬人馬與太平軍征戰，眼看幾萬人馬吃飯就成了大問題。

正在發愁之時，手下人來報，浙江大賈胡雪巖求見。左宗棠乃傳統的官僚，「無商不奸」的思想根深蒂固，而且他曾風聞胡雪巖在王有齡危困之時，居然假冒去上海買糧之名，侵吞巨額公款而逃。心想此等無恥的奸商，本不欲見他，無奈礙於蔣溢澧的面子，才懶洋洋地宣胡雪巖覲見。

胡雪巖一進去，就察覺到氣氛不對，隨即告誡自己一定要小心謹慎，然後振作精神，撩起衣襟，跪地向左宗棠說道：「浙江候補道胡雪巖參見大人！」

左宗棠也不答話，那雙眼睛開始轉動，射出涼颼颼的光芒，將胡雪巖從頭到腳仔細打量了一遍。胡雪巖頭戴四品文官翎子，中等身材，雙目炯炯有神，臉頰豐滿滋潤，一副大紳士派頭。端詳之後，左宗棠面無表情地說道：「胡老闆，我聞名已久了。」諷刺意味毫不掩飾。

胡雪巖以商人特有的耐性壓住了心中的不滿，他把左宗棠當成一個極為挑剔的顧客，挑剔的顧客才是真正的買主。胡雪巖沒有直接回答左宗棠，而是說道：「大人建了蓋世之功，特為此前來道喜！」

「喔，你倒是有先見之明！怪不得王中丞在世之日，稱你為能員。」

話中帶刺，胡雪巖自然聽得出來，一時也不必細辨，眼前第一件事，是要能坐下來。左宗棠不會不懂官場規矩，文官見督撫，品級再低，也得有個座位，此刻他故意不說「請坐」，是有意給人難堪，他要先想個辦法應付過去。

念頭轉到，辦法就想出來了，胡雪巖撩起衣襟，又請了一個安，回道：「不光是為大人道喜，還要給大人道謝。兩浙生靈倒懸，多虧大人解救。」

胡雪巖知道左宗棠是個吃捧的人，所以他抓住這一弱點，恭賀左宗棠收復杭州，功勞蓋世，又向左宗棠道謝，使杭州黎民百姓過上了安定日子。胡雪巖一邊恭維，一邊觀察著左宗棠，終於看見左宗棠臉上露出了一絲不易覺察的微笑。

捕捉到這一訊息後，胡雪巖又急忙施禮。這一次，左宗棠雖然仍舊矜持地坐在椅子上，但先前陰沉的臉上已經綻開了笑容。也許是因為面子上過不去，他裝著恍然大悟的樣子，吩咐手下說：「哎呀，怎麼不給胡大人看座！」就這樣，胡雪巖總算在左宗棠右側的椅子上坐了下來，擺脫了尷尬的窘境。

胡雪巖坐定之後，左宗棠直截了當地問起了當年杭州購糧之事，臉上現出肅殺之氣。胡雪巖這才如夢初醒，趕緊把事情從頭到尾講了個清清楚楚，說到王有齡以身殉國，自己又無力相救之處，不禁失聲痛哭起來。

左宗棠這才明白自己誤聽了謠言，險些殺了忠義之士，不禁羞愧不已，反倒軟語相勸道：「胡老弟，人死不能復生，王大人為國而死，比我等苟且而活要值得多。」

胡雪巖見左宗棠態度已有鬆動，急忙摸出兩萬兩藩庫銀票，說這銀票是當年購糧的餘款，現在把它歸還朝廷。胡雪巖解釋說，這筆款本應屬於朝廷，現在他想請求左帥為王有齡報仇雪恨，並申奏朝廷懲罰見死不救又棄城逃跑的薛煥。這符合常情的懇求，左宗棠自然爽快答應，並叫主管財政的軍官收下了這筆鉅款。

兩萬兩銀票對於每月軍費開支十餘萬的左軍來說雖屬杯水車薪，但畢竟可解燃眉之急。胡雪巖清楚地知道左宗棠此刻最缺的是什麼，所以不失時機地掏出銀子，為自己爭得了左宗棠的好感。

收下胡雪巖的銀票後，左宗棠立即叫人上茶，和胡雪巖閒聊了起來。胡雪巖大讚左帥治軍有方，孤軍作戰，勞苦功高。胡雪巖說話極有分寸，當誇則誇，要言不煩，讓人聽起來既不覺得言過其實，又沒有諂媚討好的嫌疑。左宗棠聽得眉飛色舞，滿臉堆笑。

胡雪巖見左宗棠已被自己的話吸引，便心想，只要實事求是地奉承恭維，左宗棠還是能夠接受的。如果能拉他做靠山，往後的生意更會如日中天。主意拿定後，胡雪巖拋磚引玉，話鋒一轉，指責曾國藩只顧替自己打算，搶奪地盤，卑鄙無義，並氣憤地譴責李鴻章不去乘勝追擊佔領唾手可得的常州，而把立功的肥缺讓給曾國藩的弟弟曾國荃做人情。胡雪巖有根有據的指斥引起了左宗棠的共鳴，這下，左宗棠在心中對胡雪巖更有好感了。

兩人越談越投機，不知不覺時至中午，左宗棠便留胡雪巖吃飯。

那個時代，上司請下屬吃飯，是一件極有面子的事。左宗棠雖是閩浙總督，朝廷一品大員，卻崇尚儉樸，桌上只擺了幾樣小菜，倒是一盤臘肉引起了胡雪巖的注意。他挑了一塊臘肉放進嘴裡，發覺肉已變味，覺得此肉必有緣由。

左宗棠是何等精明之人，他看出胡雪巖的迷惑，便告訴胡雪巖說，這肉是在湖南的夫人托人帶來的，時間久了有些變味，但仍捨不得丟。

胡雪巖知道左宗棠早年落魄，受盡世人白眼，其夫人乃大家閨秀，卻一眼看中他，執意嫁他，給左宗棠無窮的信心。可以說，左宗棠能有今日，其夫人功莫大焉。所以，左宗棠今日雖然貴為一品，但對夫人敬愛不減往昔。清朝一品大員中沒有幾個不納妾的，只有左宗棠念舊恩、思往事，從無此念頭，可見是個有情有義之人。胡雪巖心想：此等君子不交，更交何人！

酒飯過後，左宗棠親自將胡雪巖送出大營。他認為胡雪巖不僅會做生意，對官場也非常熟悉，是一個大有作為的能人，難怪杭州留守王有齡對他如此器重。然而，一想起營中無糧，左宗棠不由一聲嘆息。胡雪巖看在眼裡，聽在耳中，也不多說，告辭而去。

後來，胡雪巖在一個適當的時機將一萬石米獻出，左宗棠高興地稱讚胡雪巖籌糧為國，功德無量，並表示「我一定在皇上面前保奏」。而胡雪巖卻誠心說道：「大人栽培，光墉自然感激不盡，不過，有句不識抬舉的話，好比骨鯁在喉，吐出來請大人不要動氣。我獻出這批米，絕不是為了朝廷褒獎。光墉是生意人，只會做事，不會做官。」

這一句「只會做事，不會做官」真是說到了左宗棠的心坎兒上。左宗棠出自世家，以戰功謀略聞名，在與太平軍的浴血奮戰中，更是功績彪炳，所以平素不喜與那些巧言簧舌、見風使舵之人為伍。此時，胡雪巖一句「只會做事，不會做官」當真使左宗棠感覺遇到了知己，對胡雪巖頓時更覺親近，讚賞之意溢於言表。

胡雪巖在任何時候、任何情況下，都能投其所好，既不吝讚美，又實事求是，總是能說出左宗棠最愛聽、最想聽的話，卻無一絲諂媚做作。這份能耐不得不讓人佩服。

貳 送禮送到家，禮多人不怪

正所謂有「禮」走遍天下，無「禮」寸步難行，「禮」在成大事的過程中起著舉足輕重的作用。送禮上門是一門學問，也是一門藝術。送禮送得不好，有瓜田李下之嫌，會遭人白眼；送禮送得恰到好處，可以給人雪中送炭之感，對方就會對你感激不盡。但這一切都有一個分寸，送禮送到家也好，送到心坎上也罷，都不能違背良心。

那麼，如何才能恰到好處地把禮送出呢？我們來看看胡雪巖的經驗。

光緒七年（一八八一年）三月，胡雪巖來到北京。他此行最主要的目的就是疏通朝廷，同意由他出面向洋人借三四百萬兩銀子的外債。

剛到北京，胡雪巖就面臨兩項打點。首先，左宗棠與光緒皇帝的生父醇親王交好，醇親王身兼朝廷禁衛軍神機營首領，邀請左宗棠去看神機營操練，事情早就講定了，但日期始終沒敲定，說是要等胡雪巖到京之後才能確定。

胡雪巖心中雪亮，知道所謂「要等胡老爺到京後再決定」，無非是說「胡老爺有錢，等胡老爺到京之後，帶著錢去看神機營操練，看完之後由胡老爺放賞」。於是，胡雪巖對隨行的古應春說：「醇親王要請左大人到神機營去觀操，左大人要等我來定日子，你知道是為什麼嗎？為的是去觀操要犒賞，左大人要等我來替他預備。你弄個章程出來。總之一句話，錢要花到點子上，事一定要替左大人辦得漂亮！」

古應春心想，犒賞兵丁，左宗棠要支銀兩，派人來說一聲就是，不這樣做，自然是認為犒賞現銀不適宜，要另想別法。於是，古應春通過洋人在位於王府井大街的德國洋行訂購了一百多架望遠鏡和掛表，準備送給神機營的軍官。

果然不出所料，等胡雪巖見了左宗棠後，問了一句：「聽說醇親王要請大人到神機營去觀操？」

「有這回事。」一提到這件事，左宗棠的精神立刻就上來了，「神機營是八旗勁旅中的精華，醇親王現在以皇上生父的身分，別樣政務都不管，只管神機營，上頭對神機營的看重可想而知。李少荃在北洋好幾年了，醇親王從未請他去看過操；我一到京，頭一回見面，他就約我，要我定日子，他好卜令會操。我心裡想，人家敬重我，我不能不給醇親王面子，想等你來了商量，應該怎麼樣犒賞？」

「大人的意思呢？」

「每人犒賞五兩銀子，按人數照算。」

「神機營的士兵不過萬把人，五六萬銀子的事，我替大人預備好了。不過現銀只能犒賞士兵，對軍官似乎不大妥當。」

「是啊！我也是這麼想，光墉，你可有什麼好主意？」

「我看送東西好了。送東西當然也要實用，而且是軍用。我有個主意，大人看能不能用。」

「你說。」

「每人送一架望遠鏡、一個掛表。」

話剛說完，左宗棠便擊案稱讚：「這兩樣東西好，很切實用。」不過，左宗棠又擔心地問道：「神機營的長官一百多，要一百多份，不知道備得齊備不齊？」

「大人定了主意，我馬上寫信到上海，儘快送來，日子上一定來得及。」

就這樣，胡雪巖不僅為左宗棠出了賞銀，還將各方面辦理得非常圓滿，真是皆大歡喜。

第二樁需要打點的，則與胡雪巖借外債息息相關。那時候，滿人寶鋆任戶部尚書及總理各國事務衙門大臣，等於現在的財政部長兼外交部長。胡雪巖想要借外債，所有涉「外」均與總理各國事務衙門有關，而「債」又是戶部的業務職掌。所以說，寶鋆這一關非得打通不可。

怎麼打通？還不是送銀子！但問題是，胡雪巖並不認識寶鋆，總不能帶著銀票直接上他家去。俗話說錢能通神，最後，胡雪巖用四百兩銀子，從與左宗棠關係密切的軍機章京徐用儀嘴裡探聽出了一條門道。

原來，北京城有個叫「琉璃廠」的地方，專賣文房四寶、書籍、古董和字畫。那時候，清廷滿朝權貴雖然無不視賄賂為理所當然的事，可是又礙於臉面，不敢公然行之，於是就想出了一種變通之法。所謂變通的辦法，就是與琉璃廠的商家掛鉤，由商家擔任賄賂中轉站。

事情具體的辦理過程是這樣的，某人打算向某大員送禮，求取某一官職，就要先與琉璃廠商家接頭，講定以若干銀兩購買一件古董或一幅字畫。接著，該琉璃廠商家就到大員公館去，取得古董或字畫，拿回琉璃廠後，賣給行賄者。行賄者買到古董或字畫，送給大員，琉璃廠賣出古董或字畫，獲得銀兩，留下回扣與手續費，把剩下銀子交給大員公館。所以說，就某大員而言，他只是把自家的古董或字畫交給琉璃廠的商人，商人賣給行賄者，行賄者又把東西送回大員公館，某大員並沒少東西。另一方面，由琉璃廠商號送來銀兩，某大員並沒有直接收受行賄者的銀子，只是收了古董或字畫，也算是文人雅士贈送文物，並沒沾上銅臭味。這真是有意思，明明是拿紅包收賄款，但就是沒有直接收錢。

胡雪巖就是用這種辦法，巧妙地送了寶鋆三萬兩銀子，結果使一向認為「西餉可緩、洋款不急」的寶鋆在朝廷上拼命地說借洋債的好處，也使胡雪巖借款一事順利辦成。

由此可見胡雪巖「送禮」的本事可見一斑。當然，經商過程中的禮尚往來首先要合法，否則，「送禮」的手段再高明，也不過是給自己埋下了地雷，總有一天東窗事發受到法律的制裁。

 防止某些人對友誼的不良企圖

我們希望友情能夠永久，能夠越經患難越顯真誠，但是友情還是經常遭到無情的踐踏和破壞。是我們的友情不值得珍視嗎？不！是實際利益讓一些人喪失了良知。我們會無比懷念困厄之中朋友伸過來的堅實的手臂，也同樣不會忘記自己付出的真摯友情被某些人無情地遺棄甚至加以利用。我們要珍視真正的友情，同時也要有效地防止某些人對友誼的不良企圖、利用或者欺騙。

胡雪巖曾經說：「我看人總是往好處去看的。我不大相信世界上有壞人。沒有本事才幹壞事，有本事的人一定做好事。既然做壞事的人沒有本事，也就不必去怕他們了。」這話當然並不一定對，很多很壞的事恰恰就是有本事的人做的。沒本事的

人，好事做不成，壞事其實也壞不到哪兒去；而有本事的人就不一樣了，他們是不做則已，一做壞事就可能產生很強的破壞力。這種人很清楚最關鍵和最致命的地方在哪裡，最佳的出手時機是什麼時候，因此有本事的壞人往往是最危險的。

胡雪巖在看人、用人方面，也並非沒有可以批評的地方。從某種意義上說，他也有看人、馭下過於寬厚的毛病。胡雪巖看人多看優點，用人用其長處，不以惡意度人，儘量將人往好處想，從做人方面來說，這體現了他的仁厚和胸懷，而且這也確實可以為自己招攬到很能做事的幫手，這可以看作是優點。但這個優點，同時也是一個極大也極危險的弱點，那就是容易放縱小人。而對小人的失察和放縱，必然會給自己帶來極為嚴重的後果。

如果認定一個做壞事的人沒有本事因而不可怕，必定不會向小人設防，沒有防人之心，特別是防小人之心，就有可能受小人之害。胡雪巖就是受小人之害最嚴重的一個。

宓本常是上海阜康錢莊的擋手，可是他的人品極差，不僅瞞著胡雪巖「做小貨」，而且極記仇。這樣一個人，卻被安排在了擋手這個位置上，其危險性可想而知。

胡雪巖曾向匯豐銀行借了一筆款子，除了付給左宗棠二十萬軍費以外，餘下的想自己開一個繭莊，以便在情勢危急時，把自己手裡的陳繭加工成絲，使之不至於爛掉，白貼本錢，胡雪巖將這件事全權委託給生意上的合作夥伴古應春去辦。

但這卻惹惱了宓本常，他處處掣肘，當古應春費盡千辛萬苦談好條件後，宓本常卻不付錢，致使收購計畫半途夭折。宓本常這麼做的原因只有一個，他想拿這筆錢「做小貨」，而古應春無疑擋了他的財路。

假如古應春的收購計畫成功，胡雪巖就會擁有一家絲廠，這樣，胡雪巖在日後與洋人鬥法的過程中，自然就不會懼怕積壓繭子的問題，因為他可以把繭子加工成絲。繭子會放壞，絲卻可以放好幾年，如果這件事辦成了，胡雪巖也不至於在日後的危機來臨時束手無策，坐以待斃，說不定會是另一番景象。

在胡雪巖徹底破產，倒閉已成定局的最後關頭，其妾羅四太太為了保住破產後維持生計的財物，將自己的首飾縫進一個枕頭裡，存放在一個名叫朱寶如的人的家裡。這朱寶如是杭州城裡的一個殷實士紳，但他的財產是他和他老婆設陷阱、安機關，費盡心機極不光彩地詐騙來的。

這朱氏夫婦巧取詐騙別人財產的事情，胡雪巖一概全知，但他不僅沒有揭發，反而勸解要向這對夫婦找回公道的被騙者犯不上為這過去的事情牽腸掛肚。胡雪巖放縱了朱氏夫婦，也終於讓自己最後一點兒勉強可以維持一段生計的財產被他們私吞了，羅四太太也因最後一點兒希望破滅而自殺。

胡雪巖的前車之鑒，說明了防人之心不可無，特別要提防自己身邊的小人。由於有各種小人不斷扯後腿，胡雪巖最終只能落個「龍困淺灘遭蝦戲」的結局！

大千世界，最難測的便是人心，某些人貌似正人君子，平時總是相談甚歡，但下起手來卻比誰都狠。一些小人得志的事也時有發生，被小人算計而慘遭毒手的也不乏其人。而對於背後捅刀子的小人，一定要心懷戒備，以防遭到他的算計。

君子有取有捨，有藏有顯

很多人總飲恨抱憾說自己是英雄無用武之地。但如果英雄沒有把自己的絕技展現出來，那麼別人又從何得知他是英雄人物呢？

如果胡雪巖滿腹生財之經，卻沒有把自己的才華轉化爲實物，即便他的見解再高明，又有多少人能知道呢？君子有取有捨，有藏有顯，捨是爲了更好地去取，同

樣，藏也是爲了更好地去展現自己。

胡雪巖與左宗棠做的第一筆生意，是在湘軍圍困太平天國的時候，胡雪巖為湘軍運送糧食，從中賺取了一千四百兩銀子。但在這樁生意中，胡雪巖最大的收穫是向左宗棠展示了自己的膽識和口才。

當時，胡雪巖委託漕幫幫忙運送糧食到杭州，原本是想把糧食賣給太平軍的，卻在烏鎮被官兵發現。面對不斷追問的官兵和位高權重、盛氣凌人的左宗棠，胡雪巖沒有慌亂，而是靈機一動，說這些辛苦買來、冒險運送的糧食是送給官兵的。胡雪巖回答的非常得體，左宗棠很滿意，還留了他吃飯。

在飯桌上，左宗棠在和胡雪巖做了一番交談之後，決定撥大筆銀子委託胡雪巖代買糧食。因為湘軍從湖南一路長途跋涉過來，人生地不熟，糧食採購方面有困難，左宗棠見胡雪巖對當地很熟，為人又重義氣，就認定他是最合適的人選。

胡雪巖並沒有因為結識高官而失去理智，他依然清醒地把糧價提高了一些。左宗棠對此心知肚明，他見胡雪巖如此坦然相告，反而更為欣賞。左宗棠問胡雪巖有沒有什麼難處，胡雪巖說漕幫方面的關係不夠，要求增加協助，同時希望左宗棠的手下能夠照顧一下他的家人。

胡雪巖如果多提要求，就會顯得自己無能；如果什麼都不提，又會讓左宗棠覺得沒有面子。他的分寸拿捏得非常好，進退有據，更加深了左宗棠對他的良好印象。

自此之後，胡雪巖開始一步步與左宗棠合作，並漸漸成為了左宗棠眼前的大紅人。

在與漕幫打交道的時候，胡雪巖也展示出了他的才能。與漕幫交往，如果不懂幫規，根本就不得其門而入。而胡雪巖單獨求見漕幫老大，並對那些規矩控制得很好，使得漕幫老大覺得胡雪巖很親切。同時，漕幫老大看到胡雪巖竟然能夠冒險出售糧食，在酒席上又慷慨陳詞，知道這是個幹大事的人，所以才放心地幫助胡雪巖運送糧食。

胡雪巖能夠借漕幫老大和左宗棠的力量壯大自己的事業，就在於他在恰當的時機向他們展示了自己的能力——胡雪巖所說的話並不是吹牛，而是有實力爲後盾的，如此才能贏得他們的信任。如果胡雪巖畏畏縮縮，左宗棠日後興辦船廠、西征籌備軍款等事宜還能放心交給他處理嗎？展露了實力，才能爲自己贏得機會，胡雪巖正是能在恰當的時機表現自己，才使自己的事業越做越順。

有的時候深藏不露是好事，但要注意分寸。藏過頭反而會弄巧成拙，讓自己再無出頭之日。所以，深藏不露也要注意分寸，當露時就不要藏。特別是在如今這個競爭激烈的環境中，一個人要使自己躋身於人才之林，得到最佳發展空間，就要有毛遂自薦的精神，充分地展現自己的聰明才智。要顯示出自己人生的價值，就必須學會適當地主動自我推銷。

·第十三課·

顧客是養命之源

胡雪巖語錄

冷語傷客六月寒，微笑迎賓數九暖，
如果對顧客不理不睬，甚至惡聲惡氣，
那麼，商品再好，門面再漂亮，也會使人望而卻步。

誰贏得了顧客，誰就贏得了市場

胡雪巖認爲，顧客是養命之源，商號的興衰盈虧，全要靠顧客，只有得到顧客的信任與扶持，店鋪才能興盛。

所以，胡雪巖把「顧客乃養命之源」作爲胡慶餘堂的店規，他要求店員把顧客當作活命源泉、衣食父母來尊敬，在這種思想的指導下，胡慶餘堂除了嚴把品質關之外，還通過優質服務來贏得顧客。

胡雪巖說：「冷語傷客六月寒，微笑迎賓數九暖，如果對顧客不理不睬，甚至惡聲惡氣，那麼，商品再好，門面再漂亮，也會使人望而卻步。」所以，在胡慶餘堂，「學徒剛進店，就要學習如何接待顧客」，「顧客到店後未到櫃，店員就要先站立主動招呼顧客，絕對不能背朝顧客；顧客上門，不能回絕，務使買賣成交；顧客配藥，不能缺味，務使顧客滿意而回」。有了這種一流的服務，胡慶餘堂能成爲與同仁堂比肩而立的大藥店，也是理所當然的了。

胡雪巖本是朝野聞名的「紅頂商人」，身爲二品大員，賜穿黃馬褂，准予騎馬進京。這樣的殊榮，有的人一輩子都享受不到，這樣的身分也讓有些人覺得胡雪巖肯定是一個高高在上的經商者，但事實卻正好相反。胡慶餘堂開張之初，胡雪巖本人頭戴花翎、胸掛朝珠、身穿官服，鄭重其事地親自接待顧客。

在胡慶餘堂，胡雪巖專門為顧客設置了休息室，以便顧客買藥治病的時候有一個地方可以休息。每年杭州城流行病爆發的季節，胡慶餘堂都會免費供應清涼解熱的中草藥湯和各種痧藥；在每年的杭州城廟會時期，胡慶餘堂也會降價銷售藥品；遇到危急病人，不管什麼時候都會接待就診，哪怕是在隆冬臘月的夜晚也不例外。如在哮喘高發期的冬天，半夜三更常有病人敲門求藥，值夜藥工必定遵守胡慶餘堂為急症病人現熬鮮竹瀝的規定，劈開新鮮的淡竹，在炭爐上文火烘烤，待竹瀝慢慢滲出，再用草紙濾過，當場讓病人喝下。

熬一劑竹瀝一般要花兩個鐘頭，病人一多，所需時間就更長了，但藥工們總是急人所難，耐心地做好服務工作。

正是胡慶餘堂這種優質的服務和過硬的品質，把顧客作為自己的「養命之源」，真正地實現了「顧客是上帝」的宗旨，才使得胡慶餘堂在一百多年的發展中，至今仍然是國字號大藥店，同時也使得胡雪巖在激烈的競爭中立於不敗之地。

誰贏得了顧客，誰就贏得了市場，誰的企業就能夠有所發展。所以，「顧客是上帝」的說法已經被人們普遍接受。現在，市場的主導權已由商家轉到了顧客手中，瞭解了顧客的需求，就等於瞭解了市場。企業時時刻刻想著顧客，站在顧客的角度換位思考，才能贏得顧客。

品質就是產品的生命

再好的廣告宣傳也比不上產品的好品質，因爲品質就是產品的生命。一種產品要想在市場上贏得顧客的青睞，歸根結底靠的還是它的品質。那種欺騙顧客的產品也許能欺騙得了一時，但終究會被市場所淘汰。

「採辦務真」是胡雪巖保證藥店產品品質的首要前提。中藥的原料品種多、分佈廣、屬性複雜，僅典籍所載就有三千多種，而中藥特點是多味配方，每味藥材的真偽優劣將直接關係到藥品品質，一味摻假，療效就會大不一樣。

有鑑於此，胡雪巖每年都會派熟悉藥材產地、生長季節、品質優劣的專人到全國各地的藥材產區自設坐莊，收購道地藥材，如到河北新集、山東濮縣等處收購驢皮；去淮河流域採辦懷山藥、生地、牛膝、金銀花；去陝西、甘肅等省採辦當歸、黨參、黃耆；去江西樟樹採購貝母、銀耳；去四川、貴州等地採辦麝香、貝母、川蓮；去湖北漢陽採辦龜板；去東北三省採辦人參、虎骨、鹿茸；向進口行家直接訂購外國的豆蔻、西洋參、犀角、木香等。

「胡氏秘製辟瘟丹」由胡雪巖邀集江南名醫，收集古方驗方，以七十四味藥材研製而成，其中有一味叫「石龍子」，就是我們俗稱的四腳蛇，可是能夠入藥的，卻唯有在靈隱、天竺一帶金背白肚的「銅石龍子」。為了這「道地」兩字，每年入夏，胡慶餘堂的藥工就會攜師帶徒，一起到靈隱、天竺捕捉。久而久之，連靈隱寺的僧人也熟悉了胡慶餘堂這一慣例，只要聽說是胡慶餘堂的人來抓石龍子，總會提供方便，讓他們採藥濟世。直接從產地進貨可以克服從藥材房進貨中間環節多的弊病，從而降低成本，使胡慶餘堂能以低於別家藥店的價格銷售產品，讓利於消費者，更為重要的是，能夠確保藥材品質。

「修製務精」就是在把原料加工到成品製作的全過程中要精工細作，絕不允許偷工減料。如治療癲狂症的「龍虎丸」，內含劇毒藥品砒霜，按古方炮製規定，用白布把砒霜包起來再嵌入豆腐中，文火慢煮，待豆腐變黑（即砒霜中的部分毒汁被豆腐吸附）才能入藥。為了防止服藥者中毒，胡慶餘堂嚴格要求把已排除部分毒汁的砒霜與其他磨成細粉的藥味攪拌得非常均勻。

同時，胡雪巖在胡慶餘堂的經營過程中，還引用「真不二價」的準則。關於「真不二價」，還有一段傳說：古代有個叫韓康的人，精通醫藥，以採藥賣藥為生。市場上別的賣藥者常常以次充好，以假亂真，買主討價喋喋不休，而韓康賣的都是貨真價實的藥材，他不許討價還價，他說自己的藥就值這個價，叫「真不二價」。胡雪巖把「真不二價」引用過來，就是想向顧客證明，胡慶餘堂的藥貨真價實、童叟無欺，只賣一個價。

「戒欺」是一種理念，更是一種文化，它貫穿在胡慶餘堂整個生產經營活動中，就像一股甘泉，不斷地滋潤著胡慶餘堂每一個藥工的心田。在胡慶餘堂內，有一副對聯恰好是對「戒欺」的一種詮釋，「修合無人見，誠心有天知」。「修」是指藥材的整理加工，「合」是指撮藥配方。修合雖無人見，但蒼天在上，天理昭昭，唯有誠，方可得信於消費者，這種誠信製藥，才是天道所在。《胡慶餘堂雪記丸散膏丹全集》的序言中也有這樣的警言：「莫爲人不見，須知天理昭彰，近報己身，遠及兒孫，可不敬乎，可不懼乎！」

叁 處理顧客抱怨——補償多一點，層次高一點

顧客最討厭聽到的話通常是：「很抱歉，我無能爲力，這是公司的規定。」很多企業沒有制定歡迎顧客抱怨的政策，他們考慮的不是盡一切努力讓顧客滿意，而只是一心想減少企業的麻煩。

胡慶餘堂開張之後，有一次，一位遠道而來的顧客在胡慶餘堂買了一盒諸葛行軍散，打開來一看，露出不滿意的神情。

胡雪巖見到之後，急忙走過去，把藥要過來看了看，看到此藥確實有欠缺的地方，便向顧客再三表示歉意，讓夥計去換一盒新的諸葛行軍散。

但不巧的是，那一天的諸葛行軍散已經賣完了。胡雪巖想到顧客遠道而來不容易，便把顧客留下來住下，一切伙食由胡雪巖料理，並且向他保證，三天內一定製出新藥。

三天後，胡慶餘堂果然把諸葛行軍散又趕製了出來，胡雪巖親自把藥送到顧客的手上。這位顧客被胡雪巖的這種服務態度所感動，逢人便說胡慶餘堂服務周到。

顧客抱怨是因爲經營者提供的產品或服務未能滿足顧客的需求，顧客認爲他們權益受到了損失。因此，顧客抱怨之後，總是希望能得到補償。但即使商家給了他們一點兒補償，他們也會認爲這是自己應得，所以並不會對商家產生感激之情。這時，如果顧客得到的補償超出了他們的期望值，顧客的忠誠度往往會得到大幅度提高，而且，他們還會到處傳頌這件事，讓商家的美譽度也隨之上升。

所以，商家處理顧客抱怨要遵守兩點：補償多一點，層次高一點。

四名來自歐洲的ＭＢＡ學員到位於美國亞利桑那州鳳凰城的麗池卡登酒店參加服務行銷理論研討會。他們想在離開酒店前往機場之前，到酒店的游泳池裡輕鬆地度過幾個小時。但是，當他們下午來到游泳池時，卻被禮貌地告知游泳池暫時關閉，原因是為了準備晚上的一個宴會。

學員們向招待員解釋，他們即將退房，這是他們唯一可以利用的一點兒時間。聽完他們的說明，招待員讓他們稍微等一下。過了一會兒，一個管理人員過來抱歉道，為了準備晚上的酒會，游泳池不得不關閉。但他接著又說，一輛豪華轎車正在大門外等著接待他們，學員的行李將被運到另一間酒店，那裡的游泳池是開放的，他們可以到那裡游泳。至於費用，全部由麗池酒店承擔。四名學員感到非常高興，這家酒店給他們留下了非常深刻的印象，也使他們樂於到處宣傳這段服務佳話。

由此可見，良好的處理方式不僅能贏得顧客的滿意，還能爲企業宣傳自己、改善自己提供良好的機遇。因此，企業必須制定相應的政策和制度，使顧客的抱怨能準確、及時地得到解決。

 真心為顧客著想

做生意依賴的就是顧客，若是沒有顧客，哪一門生意都做不成。而顧客的多寡又決定了生意的好壞，所以，贏得顧客是生意長久不衰的訣竅。

怎樣才能贏得顧客呢？只有一心想著顧客，想顧客之所想，急顧客之所急，才能更好地滿足顧客要求，贏得顧客，從而成就自己的事業。

隨著生意越做越大，胡雪巖漸漸養成了一個習慣，就是會不時地叫一些大

掌櫃來討論投資的事情，因為胡雪巖知道，這些大掌櫃都是見過大世面的人，叫他們來有利於產生一些好的見解。胡雪巖的有些投資想法就是在這種情況下產生的。

一天上午，胡雪巖把這些大掌櫃叫來，在自己的客廳裡商談近期投資的事情，但當時有好幾位絲行的掌櫃在近期的投資中盈利不大，所以胡雪巖很不高興。儘管這些人的投資也盈利了，但是盈利太少，投資的資金沒有起到應有的作用。

胡雪巖是一個講求資本效益最大化的人，他不滿足於微薄的盈利。於是，胡雪巖繃著個臉，教訓起那幾個大掌櫃，告訴他們下次投資時必須分析市場，不要貿然投入資金，要讓投入的資金最大地發揮它們的作用，否則不如不投資。

胡雪巖話音剛落，外面就有人稟報，說有個商人有急事求見。胡雪巖急忙走出去，看見前來拜見的商人滿臉焦急之色。胡雪巖叫那位商人先坐下，然後叫下人給那位商人倒了一杯茶，給他壓壓驚。原來，這個商人在最近的一次生意中栽了跟頭，急需一大筆資金來周轉。為了救急，這個商人拿出了自己全部的產業，想以六十萬兩銀子的價格轉讓給胡雪巖。

胡雪巖一聽，既然這位商人都願意變賣產業了，肯定是遇到了大麻煩。要知道，把產業變賣了，那可就一無所有了。但是這位商人又是一位讓人尊敬的人，因為他寧可變賣自己的家產，也要還別人的錢。

面對這種情況，胡雪巖不敢怠慢，讓那位商人第二天來聽消息，自己連忙吩咐手下去打聽是不是真有其事。手下很快就趕了回來，證實商人所言非虛。胡雪巖聽後，連忙讓錢莊準備銀子。因為對方需要的現銀太多，錢莊裡又不夠，於是，胡雪巖又從分號急調大量現銀。

第二天，胡雪巖將商人請來，不僅答應了他的請求，還按市價八十萬兩銀子來購買對方的產業，這個數字大大高於對方提出的價格。那個商人驚愕不已，不明白胡雪巖為什麼連到手的便宜都不占，堅持按市價來購買那些房產和店鋪。

胡雪巖知道商人內心充滿了疑問，胡雪巖告訴商人，他並不是要買他的產業，而是借八十萬兩銀子給商人，商人的這些產業只是作為抵押品，暫時由胡雪巖保管。只要商人有錢，隨時可以贖回，贖回的時候，在原價上再多付一些微薄的利息就可以了。胡雪巖的舉動讓商人感激不已，商人二話不說，簽完協議之後，對著胡雪巖深深作揖，含淚離開了胡家。

胡雪巖的這一舉動讓人感到困惑，有的大掌櫃只是少賺了一些錢就被胡雪巖訓斥了半天，而別人送上門來的肥肉卻不吃，拿八十萬兩銀子這樣去投資，那不是賺錢更少嗎？大家去問胡雪巖原因，胡雪巖就對他們講了一段自己年輕時的經歷：

「我年輕時，還是一個小夥計，東家常常讓我拿著賬單四處催賬。有一次，正在趕路的我遇上了大雨，同路的一個陌生人被雨淋濕了。那天我恰好帶了傘，便幫人家打傘。後來，下雨的時候，我就常常幫一些陌生人打打傘。時間一長，那條路上的很多人都認識我。有時候，我自己忘了帶傘也不用怕，因為會有很多我幫過的人為我打傘。」

說完，胡雪巖微微一笑：「你肯為別人打傘，別人才願意為你打傘。那個商人的產業可能是幾輩人積攢下來的，我要是以他開出的價格來買，當然很佔便宜，但他可能就一輩子翻不了身了。這不是單純的投資，而是救了一家人，既交了朋友，又對得起良心。誰都有雨天沒傘的時候，能幫人遮點兒雨就遮點兒吧。」

眾人聽了之後，久久無語。後來，商人贖回了自己的產業，也成了胡雪巖最忠實的合作夥伴。從那之後，越來越多的人知道了胡雪巖的義舉，官紳百姓都對有情有義的胡雪巖敬佩不已。胡雪巖的生意也好得出奇，無論經營哪個行業，總有人幫忙，有越來越多的客戶來捧場。

八十萬兩銀子對當時如日中天的胡雪巖來說，確實是小菜一碟。但是他的這一舉動卻成就了那位商人，使得他保存了他的產業。對於這位商人來說，胡雪巖的這一舉動是莫大的恩德，難怪他要佩服胡雪巖了。

在我國傳統文化中，「義」和「利」往往是對立的。《論語》中說：「君子喻於義，小人喻於利。」商人因爲重利，常被儒家人士視爲不義的小人，甚至有了「無商不奸」的說法——這其實是對商人的莫大誤解。

據當代人考證，「無商不奸」其實是由「無商不尖」逐漸訛傳而來的。兩者一字之差，意思卻截然相反。所謂「無商不尖」，說的是古代賣米的商人，在量米的時候通常會用一把戒尺抹平升斗內隆起的米，以保證分量的準足。錢貨兩清之後，米商還會灑點兒米加在米斗上，在米的表面鼓成一撮「尖」。不管做哪一行，只要是會做生意的商人，都會給顧客加一點兒「添頭」。久而久之，就成了一種習俗，並由此有了「無商不尖」的說法。

商家多給了這一點兒「添頭」，看似吃了小虧，但從長遠來看，卻是最大的受益者。因爲這一點點米，商家贏得了客戶的信任。這種信任感一旦形成，顧客就會再次上門，成爲米店的回頭客。

據《哈佛商業評論》的一項調查結果顯示：減少百分之五的客戶流失，利潤可提高百分之廿五到百分之八十五。而另一項研究則表明：開發新客戶付出的成本，是維護老客戶所付出成本的五倍還多。因此，大量吸引回頭客，是做任何生意都離不開的成功法則。

商業史上有一個著名的「水桶理論」，這一理論的提出者是商業道德早期的宣導者之一、百貨店大王瓦拉美卡。當時，面對向他詢問致富秘訣的記者，瓦拉美卡是這麼說的：「財富就如同水桶裡的水，你把桶推向別人，水就會湧向你這邊；反過來，你把桶拉向自己，水就會湧向另外一邊。同樣，你要是想獨佔利益，利益就會遠離你；而如果你樂於和別人分享，那麼利益就會不請自來。」

「水桶理論」說的其實就是「分享」、「讓利」的觀念。有些商人整天盤算的不是分享，而是怎麼讓客戶從兜裡掏出更多的錢，來購買客戶並不需要的商品，以滿足自己對於利潤的渴求。這樣毫不考慮客戶利益的落後的商業觀念，最終必然會導致失敗。

在商業經營之中，如果只顧眼前的利益，而不從長遠利益去謀劃，到時必然會連眼前的利益也失掉。

·第十四課·

吃苦如吃補，商道無平道

胡雪巖語錄

生活中沒了什麼，也不能沒了奔頭。只有我們相信生活有奔頭，一直不斷前行，我們才能把一些不如意的日子遠遠地拋在後面。

壹 善用困難，化危為機

任何人都不可避免地會遇到各種困難和危機。當遇到困難或出現危機時，應該努力做到「善用困難」，化「危」爲「機」，將每一次事故和危機都轉化爲發展自己的一次新機會。胡雪巖在這方面就做得很好。

當年胡雪巖的生意正在蒸蒸日上之時，太平軍攻佔杭州，使他經歷了一次大的變故，這次變故幾乎將他逼入絕境。

這次變故表現在三個方面：

第一，胡雪巖的生意基礎如最大的錢莊、當鋪、胡慶餘堂藥店以及家眷都在杭州，杭州被太平軍佔領，等於他的所有生意都將被迫中斷。不僅如此，他還必須想辦法從杭州救出老母妻兒。

第二，由於胡雪巖平日裡遭忌，如今戰亂之中，頓時謠言四起，或說他以為遭太平軍圍困的杭州城購米為名，騙走公款滯留上海，或說他手中有大筆王有齡生前給他營運的私財，如今死無對證，已遭吞沒，甚至有人謀劃向朝廷告他騙走浙江購米公款，誤軍需國事，導致杭州失守。這些謠言意味著胡雪巖不僅會被朝廷治罪，而且即使杭州被朝廷收復，他也無法再回去。

第三，失去了王有齡這個官場靠山，胡雪巖的生意也將面臨極大的困難。他的錢莊本來就是借著代理王有齡這一官場靠山的官庫發的跡，而他的蠶絲銷洋莊、賣軍火，都離不開官場大樹的蔭蔽。在胡雪巖那個時代做生意，特別是做大生意，官府永遠是最大宗的客戶。

不過，面對這一變故，胡雪巖並不驚慌失措。之所以如此，是他從表面對他不利的因素中，準確預見出了可利用的因素：

其一，當時陷在杭州城裡的那些人，其實已經在幫太平軍做事，他們之所以造謠生事，是因為太平軍也在想方設法誘胡雪巖回杭州幫助善後。他們造謠雖對胡雪巖不利，卻並非不可以利用。胡雪巖根據這一分析，確定了兩條計策：首先，他不回杭州，避免與這些人正面交鋒，他知道他的這一態度一旦明確，這些人就不會進一步糾纏；其次，胡雪巖不僅滿足他們不讓自己回杭州的願望，還決定自己出面向閩浙總督衙門上報，說那些陷在杭州城裡的人實際上是在做內應，以便日後相機策應官軍。這更是將不利轉化為有利的極高妙的一招——表面上是給了這些人一個人情，暗地裡卻是把這些人推到了一堆隨時可以引爆的火藥上，因為如果這些人不肯就範，加害胡雪巖，胡雪巖可以隨時將這一紙公文交給當時佔據杭州的太平軍，說他們勾結官軍，如此，這些人無疑會受到太平軍的責罰。

其二，當時胡雪巖手上還有杭州被太平軍攻陷之前，為杭州軍需購得的大米一萬石。當初這一萬石大米運往杭州時無法進城，只得轉道寧波，賑濟寧波災民，並約好杭州收復後以等量大米歸還。這也是一個可以利用的有利因素。胡雪巖決定，一旦杭州收復，馬上就將這一萬石大米運往杭州，這樣既可解杭州賑濟之急，又能顯示胡雪巖做事的信義，誣陷他騙取公款的謠言也可以不攻自破。

實際上，胡雪巖不僅在杭州被官軍收復後速將一萬石大米運至杭州，而且直接向帶兵收復杭州的將領辦理交割，這樣不單收到了預期的效果，更一下子得到了左宗棠的信任，胡雪巖又得到了一位比王有齡還要有權勢的官場靠山。

胡雪巖的紅頂子，就是這一舉措的直接收益。原來看似不利的因素，反而成了胡雪巖日後重新崛起的機會，胡雪巖真可謂把不利之中的有利因素充分利用到了極致。

當然，想要真正做到化危為機，應該具備臨危不亂、善用壞事、隨機應變的素質和能力。

對於突發事件的處理與策劃，應注意三點：

第一，事前要有所準備。對一個精明的成大事的人來說，平時就應對可能發生的重大危機有預見，包括危機的種類、特徵、性質、規模等，並分類做出應急方案。

第二，事發後要保持冷靜，不可慌亂。

第三，立即提出對策，扭轉危機。

三者環環相扣，利用危機，擴大事情好的方面的影響，把原來的危機轉化爲讓自己騰飛的一次機遇。

貳 走哪條路都不會一帆風順

儘管胡雪巖一生在商業業績顯著，但像所有成功的人一樣，他走的絕不是一條平坦的大道。爲了那些成就，他吃盡了苦頭，經歷了很多的波折和磨難。

童年的胡雪巖只過了幾年安穩的日子，父親過世後，家庭的重擔壓在他的身上，天真爛漫的他似乎一夜長大。雖然當時還有母親的支撐，可作為長子，胡雪巖有著不可推卸的責任。他沒有正經讀過書，每天都要趕著牛群在荒野裡跋涉，年少的他也時常會因為別人的譏諷和嘲笑而感到難過。

忍受著別人的嘲諷和不屑的眼光，胡雪巖過著極度平庸的生活，這些看似是他生活的全部，但他並沒有放棄拼搏，他想要闖出一番屬於自己的事業。因為有這樣的理想，他離開了家鄉。最初他以為，到了外面，環境改變了，遭受欺凌的命運也會跟著改變。

現實無情地打碎了他的奢望。店夥計也不過是社會上最底層的職業，更何況他剛來，一切都不熟悉，在行業裡，他只是個「新來的學徒」，怎麼可能得到別人的重視。儘管環境變了，可是屈辱還在，受欺凌的地位還在，而胡雪巖想改變命運的信念始終沒有變。

時來運轉，胡雪巖接收了于老闆的錢肆，將它變為自己的錢莊。換作別人，可能覺得人生自此就高枕無憂了，但胡雪巖沒有就此止步。擁有一個錢莊，並不是胡雪巖的志向，他要的是出人頭地，改變自己的命運。志向高遠的他，繼續過著吃苦拼搏的日子。商場中的利益爭奪，遠比平常人想得要殘酷。胡雪巖每天都在忙著跟別人比智慧、耍心計，稍微不留意，就可能栽進別人的陷阱裡，永遠不得翻身。

合夥人的拆臺，夥計的背叛，差點兒讓胡雪巖破產，但他都挺了過來；王有齡的死，靠山的倒塌，幾乎讓胡雪巖永遠都站不起來，但他同樣咬牙撐了過來。糟糕的境況是暫時的，當胡雪巖重整旗鼓，他又迎來了嶄新的一頁。

商道無平道，就如同胡雪巖自己說的那樣，「走哪條路都不會一帆風順」，都會遇到各種各樣的挫折和坎坷，只要不放棄，就能重新抓住希望。

如果一個人在四十六歲的時候因意外事故被燒得不成人形，四年後又在一次墜機事故後腰部以下全部癱瘓，他會怎麼辦？

再後來，你能想像他變成百萬富翁、受人愛戴的公共演說家、洋洋得意的新郎及成功的企業家嗎？你能想像他去泛舟、玩跳傘，在政壇角逐一席之地嗎？

米契爾全做到了，甚至做得更加出色。在經歷了兩次可怕的意外事故後，他的臉因植皮而變成一塊「彩色盤」，手指沒有了，雙腿細小，無法行動，只能癱瘓在輪椅上。

意外事故把他身上百分之六十五以上的皮膚都燒壞了，為此，他動了十六次手術。手術後，他無法拿起叉子，無法撥電話，也無法一個人上廁所。但以前曾是海軍陸戰隊員的米契爾從不認為自己會被打敗，他說：「我完全可以掌握自己的人生之船，我可以選擇把目前的狀況看成倒退或是一個起點。」六個月之後，他又能開飛機了。

米契爾為自己在科羅拉多州買了一幢維多利亞式的房子，另外還買了一架飛機及一家酒吧。後來，他和兩個朋友合資開了一家公司，專門生產以木材為燃料的爐子，這家公司後來變成了佛蒙特州排名第二的私人公司。墜機意外發生四年後，米契爾所開的飛機在起飛時摔回跑道，把他胸部的十二塊脊椎骨全壓得粉碎，腰部以下永遠癱瘓。

儘管如此，米契爾仍不屈不撓，不斷努力使自己能達到最高限度的獨立。後來，他還被選為科羅拉多州孤峰頂鎮的鎮長。競選國會議員時，米契爾用一句「不只是另一張小白臉」的口號，將自己難看的臉轉化成了一項有利的資產。

雖然面貌駭人、行動不便，但米契爾依舊墜入了愛河，且完成了終身大事，也拿到了公共行政碩士學位，並持續著他的飛行活動、環保運動及公共演說。

米契爾說：「我癱瘓之前可以做一萬件事，現在我只能做九千件。我可以把注意力放在我無法再做好的一千件事上，或是把目光放在我還能做的九千件事上。告訴大家，我的人生曾遭受過兩次重大的挫折，如果我能選擇不把挫折拿來當成放棄努力的藉口，那麼，或許你們可以用一個新的角度來看待一些一直讓你們裹足不前的經歷。你可以退一步，想開一點，然後你就有機會說：

『或許那也沒什麼大不了的。』

羅馬不是一天建成的，任何一項偉大事業完成的背後，總有不少感天動地的故事。而故事中的「英雄」、「偉人」、「名人」，無不在不爲人知的歲月裡，花了許多寶貴的時間，又流了許多辛勤的汗水。

每個人的生活裡都難免會有挫折和苦難，就如同一年四季，必須要經歷冬天一樣無法避免。遭遇挫折時，只要像胡雪巖和米契爾那樣滿懷希望，不被困難打倒，我們就能重新前進，開拓屬於自己的那片藍天。而如果我們就此消沉下去，放棄曾經的信念，那麼就永遠也體會不到成功的甘甜，也實現不了自己的人生價値。

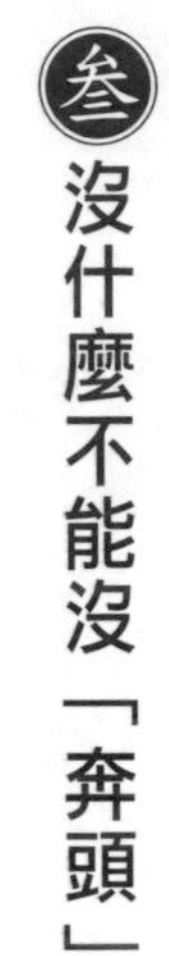

沒什麼不能沒「奔頭」

人活著必須有一種信念，只有這樣，才能夠對生活充滿希望。換而言之，也就是胡雪巖掛在嘴上的：生活沒了什麼，也不能沒了奔頭。只有相信生活有希望，一直不斷前行，我們才能把一些不如意的日子遠遠地拋在後面。

見到王有齡的第一眼，胡雪巖就覺得他是個能成大事的人，所以對他格外留心。

當時，王有齡的父親剛剛過世，胡雪巖到王家的時候，王有齡正欲哭無淚。「節哀順變吧。」胡雪巖安慰他說，「當務之急，是讓王伯父入土為安。」

「潦倒到這般田地，連給父親買口棺材的錢都沒有，養我這樣的兒子有什麼用啊？」王有齡悲哀地說。

聽到這話，胡雪巖二話不說，就把剛收回來的五百兩賬款拿了出來，告訴他先安頓其父的後事，再想別的辦法去疏通官府，謀取個一官半職。

因為經歷悲慘，王有齡不再相信自己能夠獲得官職，他想用這筆錢把父親厚葬了，可是這樣，五百兩銀子也就所剩無幾了。

胡雪巖見狀，跟他說，事情在沒有做之前，不能輕下結論。眼前的困難並不是最可怕的，可怕的是自己被困難嚇倒，再也爬不起來。雖然現在無法厚葬他的父親，但等到他以後光宗耀祖，完全可以給父親風光遷葬。

聽了胡雪巖的話，王有齡才有了一點兒精神。他草草將父親葬了，便向京城奔去，希望能夠用這些銀子疏通好官府，獲得一個實缺。

在面對困難的時候，王有齡畏懼了，他被眼前的悲慘經歷所擊敗，對未來失去了信心。而胡雪巖則不同，他認爲事情只有做過之後才能看到結果。如果還沒有做之前就被困難嚇倒，那就永遠也不會看到成功的希望。成功往往藏在不遠處，也許就在絕望的背後。

有一個叫阿拉比國的古老國家位於大漠深處，多年的風塵肆虐，使城堡變得滿目瘡痍。國王對四個王子說，他打算將國都遷往據說美麗而富饒的卡倫。

卡倫離這個國家很遠很遠，要翻過許多崇山峻嶺，要穿過草地、沼澤，還要涉過很多大河，但究竟有多遠，沒有人知道。於是，國王決定讓四個兒子分頭去探路。

大王子乘車走了七天，翻過了三座大山，來到一望無際的草地邊，一問當地人，得知過了草地，還要過沼澤，還要過大河、雪山⋯⋯因為對未知的路充滿了恐懼，大王子走到草地便回頭了。

二王子策馬穿過一片沼澤後，被那條寬闊的大河擋了回去。

三王子飄過了那條大河，卻被那一片遼遠的大漠嚇退了。

一個月後，三個王子陸陸續續回到國王那裡，將各自沿途所見報告給國王，並都再三特別強調，他們在路上問過很多人，都告訴他們去卡倫的路很遠很遠。又過了五天，小王子風塵僕僕地回來了，他興奮地向父親報告：到卡倫只需十八天的路程。

國王滿意地笑了：「孩子，你說得很對，其實我早就去過卡倫。」

幾個王子不解地望著自己的父親：那為什麼還要派他們去探路呢？

國王一臉鄭重道：「我只想告訴你們四個，腳比路長。」

相信腳比路長時，就會對生活充滿希望，無論在人生的旅途中遭遇了多大的困難，都不會悲觀沮喪，相反，還會充滿熱情地投入到生活中，不管是幸福還是苦難。很多人正是被困難嚇到了，不肯相信前方就是希望，所以他們選擇了放棄。其實，成功就在不遠處，只要再堅持一點點，再給自己多一分希望，就能看到勝利的朝陽。

其實，坎坷和痛苦並不可怕，可怕的是我們因爲害怕挫折而失去了對生活的希望，失去了努力的動力。倘若我們一再懷疑自己，不給自己希望，那麼我們將永遠都沒有辦法鼓足勇氣，面對生活中的種種磨難，也將永遠都看不到成功的曙光。

輸不足泄，賺不足狂

人的一生，總有許多或大或小的成功與失敗。有的人因爲一時的成功而沾沾自喜，固步自封；有的人因爲一時的失敗而心灰意冷，一蹶不振。人生需要放眼長遠，超越成敗得失，塑造平常心態。以平常心視不平常事，則事事平常。轟轟烈烈地奮鬥一生，即使到頭來失敗了，這一生仍然是有價值的。

戰場之上，商海之中，沒有人能夠當常勝將軍，永遠立於不敗之地。當危機來臨之時，勇於面對才能度過危機。

上海阜康錢莊總號擠兌風潮開始之後，阜康錢莊出現了經營困難。屋漏偏

遭連夜雨，正當胡雪巖盡力支撐場面，要保住杭州阜康信譽，以圖再戰的時候，又傳來寧波通裕、通泉兩家錢莊同時倒閉的消息。

這兩家錢莊本來是阜康的聯號，這一關，也關上了阜康想向兩家籌銀以解燃眉之急的門。當時胡雪巖的好友德馨接到電報，不願意就此撒手不管，看著這兩家錢莊這樣倒閉，就讓自己的姨太太蓮珠向胡雪巖轉達通裕、通泉的情況，並許諾如果這兩家錢莊有二十萬可以維持住的話，他可以出面請寧波海關代墊，由浙江藩庫歸還。

但當蓮珠如此轉告胡雪巖的時候，胡雪巖卻死活不肯接受這個辦法。他請蓮珠告訴德馨，德馨肯為自己墊付二十萬維持那兩家錢莊，自己非常感激，但這樣治標不治本，最終還可能連累德馨，所以這並不是一個好辦法，不能這樣做。

在當時的情況下，維持通裕、通泉不過是在彌補已經裂開的面子，怕只怕這裡補了，那裡又裂開了。所以，胡雪巖決定放棄維持通裕。與其維持敗局已定的商號，還不如投入全部力量保證目前還可以正常營運的杭州阜康錢莊，竭盡全力「保住還沒有裂開的地方」。

敢於承認失敗，贏得起放得下才是真豪傑。事後，胡雪巖回天乏術，所有的富貴榮華如南柯一夢，他卻依然光明磊落，沒為自己藏匿私產。就算失敗，他也依舊保留一顆平常心，並沒與怨天尤人，而是同原來一樣寬容大度，為他人著想。

胡雪巖以平常心看待結果，以平常心收拾殘局，他雖然最終在商場上一敗塗地，但人生之中，他獲得了最大的贏家稱號。

伍 如果不能兩全，索性放棄其中之一

如果不能兩全，那就索性放棄其中之一，至少做成一件，總比在猶豫中兩件事都被耽誤要划算得多。

人生在世，要達成的目標、會面對的困難、要完成的任務舉不勝舉。所以，眉毛鬍子一把抓的做事方式顯然是不行的，要懂得分類規劃，輕重緩急各有章法。許多成功者都明白這個道理，胡雪巖也是其中之一。

胡雪巖曾經說「駝子跌跟頭，兩頭落空」，是指做事沒有輕重緩急，幾件事平均用力，反倒一件事也做不好。可見胡雪巖對行事的前後順序、局勢的輕重掌握了然

於胸。

胡雪巖在湖州做生絲生意和代理湖州府庫的托靠是一個故交，兩人的交情相當深。後來，故交的獨生兒子暴病而亡，而女兒不但不能為父母分憂，還思謀著家產，終日在娘家折騰，不依不饒，朋友心裡難受極了，可以說是萬念俱灰，整日在家裡像幽魂一樣，不與人說話，也不打理自己，連公家的差事也不想再做下去了。

無論是就生意而言，還是就個人感情及胡雪巖的為人性情而言，胡雪巖都要管一管、勸一勸，他不能看著老朋友這樣消沉下去。

但對胡雪巖來說，要管這事又有點困難，不是他沒有能力，而是他沒時間。胡雪巖知道，要把這樁閒事理清楚，至少需要四五天左右。可自己在上海、杭州方面的事情不能耽擱，生絲的生意正在洽談之中，買好的軍火正待啟運，許多具體操作上的事都要他去拿主意。杭州方面，錢莊生意剛剛開張不久，發行官票，代理藩庫，雖然起點不錯，自己選擇的錢莊擋手劉慶生也不錯，但事業畢竟剛剛起步，劉慶生也太年輕，有些事情無論如何還得自己照應。

面對這一難題，胡雪巖的處理方法很簡單，經過短暫的躊躇之後，他決定留下來，先幫忙料理好朋友的家事。如此決定，理由有三：第一，朋友的事比上海、杭州方面的事情更大，因為連著朋友的情分，關係到湖州的生意，至少上海、杭州方面的生意都已經有了大致的計畫，運作上也有了大致的眉目。第二，眼前的事情很需要一個協調的人，而這裡只有自己比較合適擔當這個角色。沒有自己的運作，事情恐怕很難圓滿解決，而上海已有古應春一班人打點，他們都有相當的能力，只要不出意外，一般說來，不會發生什麼大的差池。第三，自己既然已經來了，就應該為朋友做點兒事，多花一點兒時間將這裡的事情解決好，耽擱的話問題可能更多。而此時自己反正不在上海、杭州，那裡的事情也管不了。由此，胡雪巖毫不費力地避免了兩頭都辦不好的情況。

胡雪巖很注意不做兩頭落空的事，即使在面臨徹底破產的最後關頭，這一點也是他處理事情的一條重要原則。比如官府將要查封他家產的時候，朋友建議他藏匿一些家產，做日後東山再起的資本，但胡雪巖卻不同意。在胡雪巖看來，採取這種手段爲自己留下資本，就如賭場賴賬，賭本是留住了，名聲卻臭了。經商之人的名聲比命都重要，壞了名聲，即使有東山再起的資本，也沒有東山再起的人氣了，在行業裡也會處處受人挾制，這樣得不償失的事情不可做。與其如此，還个如留下一段好名聲。

總之，胡雪巖處事分輕重，不優柔。

首先，當處於兩難甚至多難的境遇的時候，要分清輕重緩急。在做取捨的時候，小事情緩一緩，重要的事情先辦，但絕不拖泥帶水。

其次，要行事果斷，不能優柔寡斷，特別是左右為難，魚與熊掌不可兼得的時候，更不能猶豫不決。人生有所捨，必有所得。

其實，想一想，你就能明白，兩件事都重要，所以，你不管做哪件事都是必要的，也是必需的。既然不能兩全，那就索性放棄一件，全力做好一件事。做成一件，總比在猶豫中兩件事都耽誤，或者兩件事都做不好要划算得多。

·第十五課·

榮辱得失間，保持平常心

胡雪巖語錄

我雖說精於商道，善於取巧，可從沒有把錢當過性命。我這一輩子，不懷念揮金如土之其日，而懷念少年時幾文錢買燒餅、喝水酒之日。

只有不在乎錢，才能夠攤開手來賺大錢

錢是人造的，也是人賺的，更是人用的。錢生不帶來，死不帶去。要想成功，就要做錢的主人，把錢財當作一種工具，而非生命的全部。要知道，成爲錢的奴隸，只會變得越來越貪婪，而貪婪不僅會摧毀有形的東西，還會攪亂一個人的內心世界。因此，我們要有「人以役物，不可爲物所役」的精神。胡雪巖正是看透了這點，才能夠以正確的態度看待外物，並獲得巨大的成功。

胡雪巖為解運漕米的事情往返杭州、上海，送王有齡到湖州赴任，都是租用阿珠家的船。幾度相處，阿珠的清純樸實吸引了胡雪巖。為了答謝阿珠家對自己的照顧，討阿珠歡心，胡雪巖送給阿珠一個首飾盒，盒內雖只有簡簡單單的一瓶香水、一個音樂盒、一把象牙篦子、一隻女表，但對阿珠這樣一個船家女來說，已經是百寶箱了，驚喜之下，阿珠不禁為如何收藏它犯起愁來。

胡雪巖很怕自己送給她禮物，讓她丟不開，反倒害了她，於是對阿珠說，人以役物，不可為物所役。心愛之物固然要當心被竊，但為了怕被竊，而不敢拿出來用，甚至時時憂慮、處處小心，這就是為物所役，倒不如無此物。

這段看似矛盾的自我辯駁，其實是胡雪巖自己對於物我關係的認識。倘若因爲物而癡迷，局限了自己，不如無物。凡是用錢能夠解決的問題，都不是問題。胡雪巖說，自己最大的樂趣就是看著人不被錢難倒。只有不在乎錢，才能夠攤開手來賺大錢。不光經商是這樣，很多事情都是如此。

一個男子坐在一堆金子上，伸出雙手，向每一個過路人乞討著什麼。

呂洞賓走了過來，男子向他伸出雙手。

「孩子，你已經擁有了那麼多的金子，你還想乞求什麼呢？」呂洞賓問。

「唉！雖然我擁有如此多的金子，但是我仍然不滿足，我乞求更多的金子，我還乞求愛情、榮譽、成功。」男子說。

呂洞賓從口袋裡掏出他需要的愛情、榮譽和成功，送給了他。一個月之後，呂洞賓又從這裡經過，那男子仍然坐在一堆黃金上，向路人伸著雙手。

「孩子，你所求的都已經有了，難道你還不滿足嗎？」

「唉！雖然我得到了那麼多東西，但是我還是不滿足，我還需要快樂和刺激。」接著，呂洞賓又把快樂和刺激給了他。

又一個月後，呂洞賓又見那男子坐在那堆金子上，向路人伸著雙手——儘管已經有愛情、榮譽、成功、快樂和刺激陪伴著他。

「孩子，你已經擁有了你想要的，你還想乞求什麼呢？」

「唉！儘管我已擁有了比別人多得多的東西，但是我仍然不能感到滿足，老人家，請你把滿足賜給我吧！」男子說。

呂洞賓笑道：「你需要滿足嗎？孩子，那麼，請你從現在開始學著付出吧。」

呂洞賓一個月後從此地經過，只見這男子站在路邊，他身邊的金子已經所剩不多，他正把它們施捨給路人。他把金子給了衣食無著的窮人，把愛情給了需要愛的人，把榮譽和成功給了慘敗者，把快樂給了憂愁的人，把刺激送給了麻木冷漠的人。現在，他一無所有了。

看著人們接過他施捨的東西，滿含感激而去，男子笑了。

「孩子，現在，你擁有滿足了嗎？」呂洞賓問。

「擁有了！擁有了！」男子笑著說，「原來，滿足藏在付出的懷抱裡啊。當我一味乞求時，得到了這個，又想得到那個，永遠不知什麼叫滿足。當我付出時，我為我自己人格的完美而自豪、而滿足，為我對人們有所奉獻而自豪、而滿足，為人們向我投來的感激的目光而自豪、而滿足。」

「身外物，不留戀」，是指思悟後的清醒。因爲即使擁有整個世界，一天也只能吃三餐，一次也只能睡一張床，即便是一個挖水溝的工人也可如此享受。所以，不如試著學習胡雪巖超然物外的態度，這樣得到的回報不僅僅是物質財富，還生活得怡然自得。

無畏前行，成敗只是暫時

對於商人，最好賺的是戰爭之財。古往今來，很多商人都是因爲發了戰爭的財，而得以擴大自己的事業，胡雪巖也不例外。

太平天國運動初期，胡雪巖聽說了京城裡發行官票的消息。其實，主要的消息來源並不是直接傳到胡雪巖耳朵裡的，而是與胡雪巖有交情的劉二爺在路上遇到了錢莊的劉慶生，當時劉慶生手裡拿著兩張從京城傳出的新發行的銀票，就叫劉二爺見識一下。劉二爺一看，知道這肯定是朝廷為了湊軍餉而想出來的斂財招數，如果錢莊應付不當，不僅會有損失，還有可能會有滅頂之災。

劉二爺拿了銀票，趕緊與鄰近的錢莊老闆會合，去找胡雪巖商議。胡雪巖仔細地看了一下銀票，說：「各位如此緊張，就是因為這件事如果應對不好，就可能給大家帶來災難。可是，在我看來，各位都把成敗看得太重了。我們一手創建這錢莊，雖然不容易，可畢竟也是意外之財。咱們開始經商的時候，誰曾有萬貫家財？如果真的失敗了，也不過是回到了原點，何必那麼緊張呢？」

看看眾人都面色沉重，胡雪巖接著說：「都說亂世出英雄。越是亂的時候，就越有機會。有其弊必有其利。如果各位都看不開成敗，不敢放手一搏，那就只能讓賺錢的機會在我們眼皮子底下溜走了。」

劉二爺等人也是明白人，聽了胡雪巖的這番話後，覺得很有道理，自覺獲益匪淺。於是，劉二爺進一步向胡雪巖請教其中的道理。胡雪巖就此提出了他自己的看法。他覺得官府發行這種銀票，無非是想湊齊了銀子對付太平軍。眼下，太平軍只甘於守城，雖然戰鬥力很強，但是勢頭不盛。官軍中有曾國藩、左宗棠二人帶兵，自然不可小覷，再加上洋人的相助，官軍必勝無疑。如果錢莊能夠助官軍一臂之力，等到勝利了，無論是做什麼生意，朝廷都會一路放行，哪還有不發財的道理？

眾人覺得胡雪巖分析得很透徹，便委託他做代理，處理新銀票發行的所有事宜。在朝廷向錢莊發放銀票兩天後，胡雪巖很快就將官府所需的二十萬兩銀子湊齊了。在兵荒馬亂的時代裡，錢莊能夠如此支持朝廷政令，讓官員們很是吃驚，大家都對胡雪巖很是佩服。

自此，胡雪巖不僅在同行裡得到了敬重，在朝廷裡，也頗具影響力。

胡雪巖在做生意的時候看淡成敗，不懼前方的困難險阻，只要認準了目標，就會勇敢前行。

然而，社會中很多人都把成敗看得太重了，做事顧慮太多。比如想換一個新環境工作，可是又害怕自己在新的工作中表現不好，業績不如以前，所以一直沒有行動。然而越是這樣，心裡的壓力越大，越害怕失敗，害怕從萬人矚目的高位上掉下來。但實際上，越是小心翼翼，就越可能被心中的擔憂拖垮。

所以，碰到困難時，不要把它想像成不可克服的障礙。因爲在這個世界上，沒有什麼困難是不可克服的，只要你敢於扼住命運的咽喉。任何事都會存在風險，但也有可能讓你抓住更多的機會，獲得更大的發展。

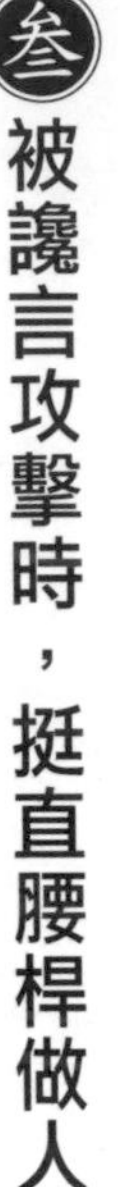

叁 被讒言攻擊時，挺直腰桿做人

人活在這個世上，不能觸碰的「地雷」有很多。最容易被別人踩到的，就是一個人對於尊嚴的執著。人活著不能沒有尊嚴，換種說法就是要挺直腰桿做人，絕不隨便向別人卑躬屈膝。

王有齡去世已經有一段時間了，胡雪巖的心裡卻一直不好受。一天，他覺得心裡憋得慌，就出來遛彎，不巧碰見了自己的初戀羅四姐。

當年，羅四姐離開，一是為了把父親的靈柩運回東北，二是因為怨恨胡雪巖瞞著自己娶妻。她離開以後，嫁了一個有學問的讀書人，後來這人不幸害了癆病去世。這一天剛好是她丈夫的忌日，她是專門來上香的。

胡雪巖與羅四姐唏噓了一番。正說著，七姑奶奶跑來了，未見其人先聞其聲：「小爺叔，不好啦！」

胡雪巖一愣，心想又會出什麼事呢？七姑奶奶氣喘吁吁地說：「左大人聽信了讒言，要抓你呢，還說一定『要胡光墉的人頭』。」

「左大人」就是指左宗棠，胡雪巖並不瞭解此人的過去，只知道他是湘軍中最近殺出來的一匹黑馬，深得朝廷的重用。左宗棠任浙江巡撫，跟王有齡死前一個月的「祺祥政變」有很大關係。咸豐帝受了八國聯軍的驚擾，病死在承德避暑山莊，兩宮皇太后垂簾聽政。八旗子弟、綠營兵的力量被削弱，兩宮太后起用了一批新生代的力量，左宗棠就是幸運兒之一。

聽了七姑奶奶的話，胡雪巖渾身無力，直覺得心口一陣疼痛：為了支持杭州內的清兵，自己九死一生地去買糧運糧，如今卻被人誣陷，性命能不能保住還是個未知數。想到這些，他真恨不得變賣家財，從此歸隱山林。

羅四姐聽後，也為胡雪巖抱不平，可是她不願看到胡雪巖氣餒頹廢的樣子，建議他去面見左宗棠，把冤屈洗刷掉。聽了羅四姐的一番話，胡雪巖大為一震，他頗有感觸地說：「沒錯，不管經歷什麼，我都要挺直了腰桿做人。」

胡雪巖決定東山再起，他立刻聯繫尤五購買糧食，再加上轉借寧波的一萬石大米，送去清兵營中，並托關係找到了左宗棠，跟他解釋了之前買米運米以及借米的來龍去脈，並闡述了跟王有齡的友情。胡雪巖每一句話都發自肺腑，讓左宗棠十分感動，他沒有治胡雪巖的罪，兩人反而因此成了朋友。

受到別人的誤解，處於危難之中時，千萬不要氣餒，而應該打起精神勇敢地面對，只有這樣，才能洗刷自己的冤屈，為自己博得更廣闊的發展天地。這是胡雪巖的人生經驗，對生活在今天的我們依然適用。

生活中，我們常常會遭到別人的誤解。這個時候，如果我們選擇逃避，那我們將永遠背著被人誤會的罪名；而如果我們能勇敢地面對，那麼等待我們的將是另一片天空。

千萬不要賣弄小聰明

聰明做人，再好不過，但真正聰明的人，不會處處顯示自己的能耐。「槍打出頭鳥」不僅是處世的警戒，也是做事的參照。如果一味賣弄自己的小聰明，到頭來只能是搬起石頭砸自己的腳，聰明反被聰明誤。

胡雪巖曾在這上面栽了個大跟頭。

當年，胡雪巖決定為母親辦壽，生日在三月初八，「浩治桃觴，恭請光臨」的請帖卻在年前就發出去了。到二月中旬，京中及各省送禮的專差絡繹來到杭州，胡府上派有專人接待。送的禮都是物輕意重，因為胡雪巖既有「財

神」之號，送任何貴重之物，都等於「白搭」，唯有具官銜的聯幛壽序才可使壽堂生色。

壽堂共設七處，最主要的一處不在元寶街，而在靈隱的雲林寺。鋪設這處壽堂時，胡雪巖帶著清客親自主持，壽堂正中上方高懸一方紅地金書的匾額，「淑德彰聞」上銘一方御璽：「慈禧皇太后之寶」款書，上面寫著「賜正一品封典布政使銜東西候補道胡光墉之母朱氏」。匾額之下，應該掛誰送的聯幛卻頗費斟酌。

胡雪巖為了讓自己的靠山左宗棠在壽堂上設壽聯時壓李鴻章一頭，最終想出了一個主意：加上爵位。論爵位，左宗棠比李鴻章高。

然而僅此一個行為便顯示了胡雪巖政治上的幼稚。一來，左宗棠並不一定非要壓李鴻章一頭，這樣顯得他太沒氣度，而胡雪巖此種做法有曲意逢迎之意；二來，胡雪巖此舉誰看不出來？辦壽時人多嘴雜，李鴻章豈能不知？

官場上錯綜複雜，何況李鴻章大權在握，紅得發紫，胡雪巖此舉，註定只能碰得頭破血流。本來李鴻章就奉行「倒左先倒胡」的宗旨，胡雪巖的前途已岌岌可危，如今，他又親手把勒在脖子上的繩子緊了一環，加速了自己的「滅亡」

後來，李鴻章幫左宗棠在甘肅平定叛亂，原指望能分功，卻沒想到功勞全被左宗棠占了去。不僅如此，胡雪巖還幫左宗棠奚落李鴻章。

當時，李鴻章正在回京途中，正行路時，軍中一陣騷動，耳聽得後面傳來馬蹄聲。

「慌什麼？兵來將擋，水來土掩，列陣。」李鴻章帶領諸將到了陣前。

少頃，一支人馬奔到近前。

胡雪巖跨下一匹驕驄，跑在最前面，說道：「李大人慢走，浙江候補道胡光墉給大人送行來了。」說完，便跪下磕了三個響頭。

「胡大人請起。」有道是禮尚往來，李鴻章問道：「左大人的酒可醒了？」

「回大人，左大人早晨方醒，聽說李大人已經走了，追悔莫及，無奈軍務在身，不敢或離，便差末道來了。」說著，兩個軍士各托一個盤子，跪送奉上。

打開來看，裡面各有一顆雞蛋大小的明珠，李鴻章叫人收了，打個哈哈道：「轉告直亮兄，讓他費心思了。」

「是。」胡雪巖又施一禮，道，「李大人，末道還有公務在身，告退了。」說完便回身上了戰馬。

這一支楚軍不足百人，卻顯得煞有聲勢。李鴻章仔細看了看，忽地明瞭，原來都是百裡挑一的精壯大漢，盔明甲亮，連胯下的戰馬都是精心挑選的。胡雪巖在馬上一抱拳，帶著這批人馬，一陣風似的去了。

「左宗棠有個胡光墉成了多少事。」李鴻章嘆口氣，說完便下令過河。一聲令下，淮軍陸續前進。李鴻章叫來盛宣懷道：「杏蓀，左宗棠派人來是什麼意思，你可知道？」

「大約是覺得對不起大人，補過來了。」

李鴻章哈哈一笑，道：「杏蓀，這話恐怕連你自己都不信吧？這是左宗棠讓我來猜個謎。」

「什麼謎？」

「啞謎。」

「大人，我看不會。」

「你想不到這一節，不過，左宗棠和胡光墉喜歡來這一手，時間長了你就清楚了。」

盛宣懷仍是搖頭，李鴻章道：「送珠子的人恭敬不假，但讓我想起了一個成語：舉案齊眉。」

盛宣懷心道：這裡有什麼文章？只聽李鴻章道：「『案』字是諧音，通『暗』字，豈不正說明珠投暗。」既而冷笑兩聲道，「兩顆珠子用兩個軍士送，取的是雙數，珠子也是貨，『貨』通『禍』，是諧音，解釋為禍不單行。左宗棠的謎語連起來就是明珠投暗，禍不單行。」

本來李鴻章就因為左宗棠生悶氣，如今胡雪巖又耍了一手小聰明，不免使得李鴻章更加記恨胡雪巖，滿心盤算尋個適當時機，必欲除之而後快。

人越是精明，越應知道處世之難，容易招致妒嫉、非議，甚至為聰明而喪生。所以，從老子開始，中國人就深悟了「大智若愚」的道理——越是聰明，越要表現得愚笨，以便在別人的輕視和疏忽中找到自我發展的空間。正如洪應明在《菜根譚》一書中所說：「藏巧於拙，用晦而明，寓清於濁，以屈為伸，真涉世之一壺，藏身之三窟也。」

胡雪巖抬左宗棠氣李鴻章的行為告訴我們，做人寧可顯得笨拙一些，也不可顯得太聰明；寧可收斂一下，也不可鋒芒畢露；寧可隨和一些，也不可自命清高；寧可退縮一些，也不可太積極前進。

伍 得到未必幸福，失去未必痛苦

胡雪巖在五十多歲時走到他人生最輝煌的頂峰，成了一名富可敵國的「紅頂商人」。但是清朝的兩位重臣——左宗棠和李鴻章的明爭暗鬥卻越來越激烈。李鴻章發現，左宗棠之所以能爲朝廷立下那麼多的功勞，都是因爲胡雪巖在後面的支持，所以提出了「倒左先倒胡」的策略。

一八八三年，法軍進攻駐越南的清軍，中法戰爭不可避免。在這種情況下，清廷再召左宗棠入軍機。李鴻章和盛宣懷趁左宗棠不在兩江，準備向胡雪巖下手。

此時，胡雪巖為打破洋人對蠶絲市場的壟斷，出鉅資高價收購了大量蠶絲。胡雪巖商場上的對手盛宣懷抓住這一時機，加入李鴻章陣營。盛宣懷通過電報掌握胡雪巖生絲買賣的情況，一邊收購生絲，向胡雪巖的客戶出售，一邊聯絡各地商人和洋行買辦，叫他們今年偏偏不買胡雪巖的絲，致使胡雪巖的生絲庫存日多，資金日緊。

這時候，胡雪巖歷年為左宗棠行軍打仗所籌集的八十萬兩借款正趕上到期，這筆款雖然是清廷借的，經手人卻是胡雪巖，外國銀行只管找胡雪巖要錢。這筆借款每年由各省協餉來補償給胡雪巖，照理說，每年的協餉一到，上海道台府就會把錢送給胡雪巖，以備他還款之用。盛宣懷卻在此動了手腳，盛宣懷找到上海道台邵友濂，直言李鴻章有意緩發這筆協餉。同時，李鴻章又把胡雪巖向外國銀行貸款時，多加利息的事情抖露了出來，慈禧太后得知後大怒。

此後，盛宣懷串通好外國銀行向胡雪巖催款。由於事發突然，胡雪巖只好將他阜康錢莊各地錢莊的錢調來八十萬兩銀子，先補上這個窟窿。胡雪巖認為，雖然緩發，但協餉不久後總歸可以拿到。然而，李鴻章和盛宣懷卻給了胡雪巖致命一擊，他們估計胡雪巖的阜康錢莊資金已經調空之時，就托人到錢莊提款擠兌。

擠兌先在上海開始了。盛宣懷在上海坐鎮，自然把聲勢搞得很大。胡雪巖這時候才想起了左宗棠，趕快去發電報。殊不知盛宣懷暗中叫人將電報扣下，左宗棠始終沒能收到那份電報。胡雪巖當時只好把他的地契和房產抵押出去，同時廉價賣掉積存的蠶絲，希望能夠捱過擠兌風潮。不想這次風潮竟是愈演愈烈，各地阜康錢莊早已經人山人海。胡雪巖這才如夢初醒，當他知道是盛宣懷和李鴻章有意算計時，明白自己這一回是徹底完了。

胡雪巖是商人，他的家人和朋友向來只看到他在「錢」這個字上做文章，卻沒有看到他的另一面。他曾說：「我雖說精於商道，善於取巧，可從沒有把錢當過性命。」這也是肺腑之言。人為財死，鳥為食亡，但事實上，如果性命都難保了，要那萬貫家產還有何用？他在洋債上賺取過大錢，如今倒在這裡，也算是「敗」得其所了。因此，他並不怨天尤人。而且最壞的結果也就是資產充公，既然想到了這一層，還有什麼好怕的呢？胡雪巖當時要做的就是把剩下的事情盡可能地處理好。他把胡慶餘堂交給文煜後，挨家挨戶給散戶還錢，這是他一生行商之本。

那時胡雪巖已經不求利，只是為了心中的信念。但是如果沒有這種平常心，就可能會被錢物所束縛，成為錢的傀儡，從而出現「錢物喪，人就亡」的悲劇。

胡雪巖在短短幾十載中成就了榮華富貴，暫態煙消雲散。他看到自己的心血一朝化為塵土，自然痛惜，但是他也很坦然。他在商場上遊走了那麼久，見過太多的大風大浪，而且他自認這件事情問心無愧：他賺取這個差額是為了國家，而並沒有私吞銀子。唯一的問題是，洋人不甘心就此被人佔便宜，英國商人也會給自己的政府施加壓力，為自己出氣。

胡雪巖曾說過，氣節養不活人。一個人活著，光有氣節是不夠的，但是如果沒有了氣節，也就與死無異了。自己並沒有對不起國家，而丁日昌等人卻是在為英國人賺取中國的錢，自己比他們要高尚得多。同時，胡雪巖也知道這件事情左宗棠幫不上忙，於是只坐等著奏摺下來。

胡雪巖發家是依靠官場一步一步起來的，但同時，他也在無形之中捲入了官場的鬥爭。他雖然熟於商道，卻不明白官場的鬥爭更爲複雜。他以爲自己只是一介商人，只想通過在官場找靠山來獲取利益，卻忽視了官場之爭可能給他帶來的衝擊。

所以，人要以清醒的心智和從容的步履對待人與事。不拘於物，是古往今來許多人一生的所求。拋開名利的束縛和羈絆，做一個本色的自我，不爲外物所拘，不以進退或喜或悲，待人接物豁然達觀，不爲俗世所滋擾，安心做自己最好。

第十六課

做生意賺了錢，要做好事

胡雪巖語錄

我們做生意賺了錢，要做好事。我們做好事，就是求市面平靜。

壹 為富且仁，是賺錢的根本

孔子的核心主張是「仁」，他要求統治者實行「仁政」，就是說統治者統治老百姓的時候不能採用暴力的手段，而要採用安撫、和平的手段。

「爲富不仁」這一成語講的就是富人欺壓窮人，或者說這個人之所以富裕，就是通過欺壓窮人才得來的錢財，胡雪巖一生愛做善事，並以做善事爲榮。

雍正年間，京城裡有一家規模很大的藥店。這家藥店製藥選料特別地道，連皇帝都很信任他們的藥，讓他們承攬了為宮中「御藥房」供應藥品的全部生意。

有一年「春闈」期間，由於前一年是個暖冬，沒下多少雪，而一開春就氣候反常，導致春疫流行，趕考的舉子們病倒了很多，一些堅持住的人，也多是胃口不好、萎靡不振。

由於古時科舉考試的地方極其狹小，只能容一個人活動，並且只要進去考試，不管時間多久，都要等考完了才能出來。在這樣的環境中，春疫流行導致很多舉子都不能參加考試。

面對這樣的情況，這家藥店趕緊配製了一種專治時疫的藥散，並托內務大臣奏報雍正皇帝，說是願意將此藥散奉送每一個入闈考試的舉子，讓他們帶入闈中，以備不時之需。

雍正皇帝本來就有些為會試能否順利進行而擔心，有此好事，自然大為嘉許。於是，這家藥店派專人守在貢院門口，趕考舉子入闈之時，不等他們開口，就在他們的考籃裡放上一包藥散。這些藥散的包封紙印得十分考究，上有「奉旨」字樣，而且藥包的另一面印著自己藥店的名稱。

也許是因為這些藥確實有作用，這一年入闈考試中途出場的人數大大減少。這一來，出闈的舉子，不管中與不中，都來感謝這家藥店。而且，這些舉子是來自全國各地的，他們把這家藥店的名稱帶到了他們的家鄉，使天下十八省，遠至雲南、貴州，都知道了京城裡的這家藥店，這家藥店生意興隆也就成了理所當然的事。

胡雪巖受這件事啟發，也想採用同樣的方法來做一些好事，以擴大胡慶餘堂的名聲。

但是怎麼送？送給誰呢？送給舉子嗎？但會試的時間還沒有到，根本就沒有舉子。最後，胡雪巖想到了一條妙計，那就是送給軍隊，因為當兵的人是來自全國各地的，他們能把自己的藥店名號帶到全國各地，而且軍隊裡的人比舉子們不知道要多多少倍，軍隊裡本身所需要的量也大得多。

當時正是官兵與太平軍作戰的時期，既然是戰爭，肯定會有死傷，這個時候免費送藥或者只收成本送藥，肯定會受到軍隊統帥的歡迎。當時，南京已經被曾國藩的湘軍拿下，清廷派重兵駐紮在南京周邊，成為「江南大營」。

於是，胡雪巖準備好大量應急藥材贈送給江南大營。儘管只是一些小藥品，譬如諸葛行軍散之類，但是這對於減少軍隊死亡方面的作用卻是巨大的。由於這些藥品確實有效，胡雪巖便和湘軍、綠營達成協議，軍隊只要出本錢，然後由他派人去購買原料，召集名醫，配成金瘡藥之類的藥品送到營中。左宗棠知道後，感嘆道：「胡氏為國之忠，不下於我。」

胡雪巖的仁舉換來了封疆大吏左宗棠的一句盛讚，而這一句盛讚，對於借助官場勢力的商人來說，比金錢更重要。

同時，由於戰亂，老百姓輾轉流離，因而瘟疫、病患常常防不勝防。但這些逃難的老百姓又沒有錢來治病，所以，在逃難途中因瘟疫、疾病死去的人不計其數。基於此，胡雪巖下令各地錢莊另設醫鋪，有錢收錢，無錢白看病、白送藥。

正是胡雪巖的這種行為，使得天下人都知道，浙江有個「胡善人」。也是因為他向軍營送藥的善舉，左宗棠一道上書，使得朝廷賜予他紅頂戴、黃馬褂，可以騎馬進京，這可是當時最榮耀的事。

不僅如此，胡慶餘堂的名聲也得以遠揚傳播。聲名傳開之後，胡慶餘堂開始和清軍糧台打交道，建立正式的官方銷售管道，把藥材賣到了軍隊裡。胡雪巖這一招，真稱得上是「一箭雙雕」，既做了好事，得了善名，又帶來了生意。

胡雪巖對於行善做好事，經常是能做就做，從不吝嗇，而且做的都是利於平民百姓的很實在也很實惠的好事。一方面，他爲自己的生意做了無償的宣傳，用胡雪巖的話說就是：「招牌又鎦金了。」另一方面，在一定程度上讓老百姓得到了實惠，進而爲自己的生意營造了一個安定的社會環境。因此胡雪巖說：「行善益多，市面越穩。」

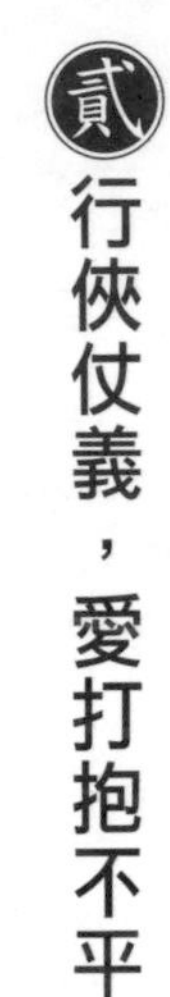

貳 行俠仗義，愛打抱不平

胡雪巖作爲一代「紅頂商人」，在商場中叱吒風雲，但如果他「爲富不仁」，不去做一些利國利民的善事，他就不可能會有後來的巨大成就。胡雪巖除了樂善好施，還行俠仗義，愛打抱不平，這一點似乎鮮爲人知。

楊乃武與小白菜的案子，是清末轟動全國的四大奇案之一，一百多年來，被編成各種戲劇、電影、電視、小說、曲藝。有多少人知道，胡雪巖與這場曠世奇冤得以昭雪有著重大的聯繫。

楊乃武（一八四一~一九一四年），字書勳，又字子釗，別號道湖，世居餘杭縣城澄清巷口西首，妻子詹彩鳳以種桑養蠶、飼養家畜為業，姐姐楊菊貞（淑英）年輕守寡，常住娘家。

楊乃武一八七三年（同治十二年）考中舉人，他為人耿直，不願對官吏劣紳阿諛奉承，倒常為小民百姓打抱不平。

餘杭縣城一家豆腐作坊有個叫葛品連的店夥，長得醜陋愚鈍，一八七二年（同治十一年）春天，娶了容貌俊秀的畢秀姑為妻。秀姑綠衣白裙，人稱「小白菜」，婚後租楊乃武家的一間空房。秀姑常幫楊家幹些家務，楊乃武也教秀姑識字。日子一長，那些原本就嫉恨楊乃武的市井無賴就放出了楊乃武姦占小白菜的謠言，甚至還貼出了「羊（楊）吃白菜」的招貼，漸漸地，葛品連也對此事起了疑心。

為了避嫌，楊乃武要葛品連夫婦搬出去，於是，葛、畢兩人搬到了秀姑繼父喻敬天表弟王心培家居住。餘杭知縣劉錫彤的大兒子劉子翰伺機通過縣衙女傭以做針線活為名，把秀姑騙去，並以暴力姦污。

一八七三年十一月廿六日（同治十二年十月初七日），葛品連流火宿症復發，可他誤認為自己體虛，吃了東洋參和桂圓等上火的藥品，結果暴病身亡。十月是小陽春，入殮時，屍體口鼻有淡黑色血水流出，據此，葛母向餘杭縣控告其媳葛畢氏謀殺親夫。

縣令劉錫彤本來就對楊乃武有意見，在件作輕率驗屍以後，把「口鼻血水流入兩耳」當做是「七孔流血」，用銀針不按規定用皂角水擦洗就以為銀針變色、死者服毒所致等，將秀姑收審。消息傳出，縣太爺家的那個浪蕩公子劉子翰擔心調戲秀姑之事暴露，於是買通了一個刁婦混入女監恐嚇、欺騙秀姑，加上審訊過程中動用大刑，秀姑熬不住，只好屈供與楊乃武早有姦情，合謀殺夫。

楊被傳訊後，雙膝被燒紅的火磚燙得焦爛，三上夾棍，三次昏死，但最終無供。可恨知縣劉錫彤仍以犯婦已供認不諱為由，上報杭州府。軍功出身、一向藐視讀書人的杭州知府陳魯據此濫施刑訊，楊乃武多次跪火磚、跪釘板、上夾棍，終因熬刑不過，而屈招自己從藥店買得砒霜交給秀姑藥死葛品連。杭州府擬定畢秀姑凌遲處死，楊乃武斬首示眾，並上報浙江省。

巡撫楊昌濬曾親自審理，楊乃武、畢秀姑自感木已成舟、難以翻案，依舊屈供如前。楊昌濬派候補知縣劉錫濬赴餘杭密查，但劉既不傳親友近鄰細細核實，又接收劉錫彤人參、貂皮等賄賂，回報楊昌濬此案「無枉無濫」，結果，楊昌濬按府擬罪名上報清廷刑部。

楊乃武的姐姐楊菊貞不相信弟弟會做奪人之妻、殺人之夫這種傷天害理的事。她探監叫楊乃武親擬訴狀，然後身背「黃榜」，走了兩個多月，於一八七四年七月（同治十三年六月）抵達北京，向都察院（中央最高監察、彈劾機關）投訴。但都察院不僅沒受理此案，還派人將楊菊貞押解回浙，杭州府和浙江省重審時都保持原判。

楊菊貞下定決心，拼死也要為弟弟伸冤，她準備第二次上京告御狀。但是，打官司，暫且不說需要跋山涉水、艱辛備嘗，單是那費用也叫人憂心忡忡。因為前幾次官司已花去了許多訴訟、盤纏等費，楊乃武家十多畝桑田已經變賣完了，家中只有楊妻和楊姐兩個婦道人家，加上楊乃武十歲的兒子榮緒。有理無錢寸步難行，正當楊菊貞無計可施的時候，對楊乃武、小白菜持同情態度的胡雪巖慷慨相助，贈送楊菊貞兩百兩銀子，這筆銀兩成了楊菊貞二告御狀的救急錢。

為了博取京官們對楊乃武一案的同情，喚起他們扶正祛邪的良知，胡雪巖特意去拜訪了回杭州老家辦理喪事的翰林院編修夏同善（一八三一至一八八〇年，字舜樂，號子松，仁和人，曾任兵部右侍郎、江蘇學政），向他訴說楊乃武、小白菜的冤情，請求他回京後尋找適當的機會向同僚進言，幫忙重審此案。

楊乃武、小白菜案發生之時，胡雪巖已有道員兼布政使銜，並就任上海轉運局委員，有財有勢。這樣一位人物的介入，使楊乃武、小白菜案有了新的轉機。

一八七四年（同治十三年）農曆九月，楊菊貞陪同楊乃武之妻詹彩鳳、楊乃武之子榮緒與姚賢瑞，經過一個多月的長途跋涉又一次來到北京。他們首先拜見了夏同善，送上其弟夏縉川的書信及控訴狀，經夏同善介紹，又拜訪在京的浙江官員三十餘人，接著向步軍統領衙門、刑部、都察院投訴。

夏同善不忘胡雪巖之托，多次拜訪大學士、戶部尚書、都察院左都御史翁同龢，懇求他去刑部查閱浙江審理該案的全部卷宗。後在翁同龢與刑部分管浙江司刑獄的林文忠（林則徐第五子）的共同努力下，慈禧、慈安兩宮皇太后親下諭旨，重審此案。但由於辦案人員一拖再拖，案子懸而未決。慈禧太后指派正在浙江考選遺才的浙江學政胡瑞瀾以欽差大臣的身分赴杭重審此案。

科班出身、不懂刑獄的胡瑞瀾濫施酷刑，楊乃武雙腿被夾斷，依然不肯招供，畢秀姑手指盡折，上衣被剝，開水澆身，燒紅的銅絲穿入雙乳，又一次誣服。

直到一八七五年（光緒元年），給事中邊寶泉上奏異議，夏同善等浙籍京官聯名上書，奏明此案不明，只恐浙江將無人肯讀書上進，全部要求提京複查。清廷下旨刑部，於一八七六年（光緒二年）底將葛品連棺木移往京師，當眾開棺驗明死者實係病亡。至此，這一歷時三年多的大案才真相大白。

楊昌濬以 回鄉後以種桑養蠶為業，因妻子詹彩鳳雙目失明、姐姐楊菊貞積勞成疾病故，他一人負擔起了家庭重負，直到一九一四年病故。那畢秀姑後來到縣城南門外「准提庵」削髮為尼，一九三〇年去世。

楊乃武、小白菜案震動朝野，胡雪巖以自己特殊的名聲贊助錢財、運動京官，爲爭取重審此案並最終昭雪起了不可估量的作用，毋庸置疑，隨著此案的廣泛傳播，胡雪巖的義聲善名更加深入人心了。

除了支持昭雪楊乃武、小白菜案等善舉，胡雪巖還兩次東渡日本，高價購買流失在外的中國文物。

有一回，他一次買回了七口古鐘，後來一口放於西湖岳墳左廡，一口放在湖州鐵佛寺內，上面都刻有「胡光墉自日本購歸」的字樣。寺廟原是人口流動之地，這些古鐘作爲成功的廣告創意，使駐足欣賞的人們對胡雪巖其人其店都刮目相看。

富而有德，樂善好施

連年爭戰使浙江慘不忍睹，為收拾殘局，左宗棠在入駐杭州後，選派員紳「設立賑撫局，收養難民，埋葬屍骸，並招商開市」。胡雪巖是左宗棠處理善後所看重的人物，胡雪巖經理賑撫局務，設立粥廠、難民局、善堂、義塾、醫局，修復名勝寺院，整治崎嶇坎坷的道路，收斂城鄉暴骸數十萬具，分葬於岳

王廟左里許及淨慈寺右數十大塚。

胡雪巖還恢復了由於戰亂而一度中止的「牛車」。牛車是因水沙而設的一種交通工具。以前，錢塘江水深沙少，船隻差不多可以直達蕭山西興。後來，東岸江水漲漫，形成數里水沙，每當潮至，沙土沒水，潮退後卻又阻淤泥。貧窮婦女沒錢雇轎，只好艱難地邁著小步在泥沙中踉蹌而行，常常還有陷踝沒頂之患。此時，胡雪巖恢復工捐設牛車，迎送旅客於潮沼之中，大大便利了百姓。

富而有德、樂善好施是歷代良賈應有的道德風尚，古代就有「貪吝常歉，好與益多」、「慈能致福，暴足來殃」這類商諺。胡雪巖在稍有資財之後，也十分樂於投身慈善事業。

一八七一年（同治十年），直隸發生水災，胡雪巖捐製棉衣十五萬件，並捐牛具、籽種，銀子一萬兩，因為天津一帶積水成澇，籽種不全，胡雪巖又續捐足制錢一萬串，幫助洩水籽種之需。

一八七七年（光緒三年），陝西乾旱，饑民急需糧食充饑，胡雪巖初擬捐銀兩萬兩、白米一點五萬石裝運到漢口，再轉運入陝。左宗棠想到路途遙遠，轉運艱難，要他改捐銀三萬兩，結果胡雪巖捐實銀五萬兩解陝備賑。

另外，胡雪巖還曾捐輸江蘇沭陽縣賑務制錢三萬串；捐輸山東賑銀兩萬兩、白米五千石、制錢三千一百串，勸捐棉衣三萬件；捐輸山西、河南賑銀各一點五萬兩。

以上只是胡雪巖捐輸賑災的犖犖大端，據一八七八年（光緒四年）左宗棠上奏朝廷的《胡光墉請予恩濟片》說，胡雪巖呈報捐贈各款，估計已達二十萬兩白銀，這還不包括他捐運西征軍的藥材。

捐賑作爲胡雪巖的一大功績，也成了左宗棠爲他爭取黃馬褂的一個重大籌碼。胡雪巖用財富贏得了善名，又以善名獲得了更多的財富。

肆 積極健康的財富觀

財富是人生成功的一個重要標誌，也是獲得社會地位和社會尊重的一個條件。商品經濟的發展和市場體制規則的確立，爲財富賦予了新的定義，賦予了財富與以往迴然不同的內涵，也刷新了我們對財富的認識和期待。擁有正確的財富觀，才是一個人最大的財富。

胡雪巖發跡於杭州，對杭州城的一土一木都非常有感情。他曾花大把銀子買十萬石白米，籌措十萬兩白銀賑濟攻城湘軍，以換取杭州滿城百姓的平安，這正是他「富不忘本」的表現。

生意人往來貿易，爲的不外乎將本求利，賺取銀兩，可是錢財終究是身外之物，生不帶來，死不帶去。錢財的價值不在於錢財本身，而在於花費、消耗過程所帶來的滿足感。胡雪巖富而有德，樂善好施，爲民造福，追求的正是這種滿足感。

以前，一提到富人，總會凸顯其貪婪、剝削、爲富不仁的醜惡面孔。財富總是與「私有」緊密聯繫在一起，像臭豆腐一樣，讓人「聞起來臭，吃起來香」。

人們對財富的心態都是非常複雜的，滲透了歷史的和現實的多重因素。才能、付出和機遇的差異，決定著一個人創造財富與佔有財富的不同程度和不同心態。有的人，對創造財富充滿信心，對佔有財富表露喜悅，對財富的佔有者也常懷敬仰垂羨之心；有的人，對自己創造財富的能力與機會充滿疑惑，對財富的佔有者心懷嫉恨之意。這種種心態源於每個人不同的財富觀。財富觀對人具有巨大的影響。

美國的一項調查顯示，百分之九十的家長會重點教育孩子如何理財，百分之廿五的家長表示，要讓孩子從學會使用零花錢開始樹立正確的財富觀。無獨有偶，儲蓄和理財課程從二〇一一年開始，成爲英國中小學學生的必修課。他們都很重視培養孩子具有積極健康的財富觀。

但有些人認爲，自己的財富得益於創富時代提供的從業機會，他們會爲了高收入、發財致富而不惜走上歪門邪道，以不正當手段暴富；還有一些人卻因爲技術、資本、機遇、才能等原因被推向社會的邊緣。富起來的，要求追逐財富的自由不受發展時空的限制；在邊緣的，要求生存的願望不受財富擴張的擠壓，於是發生了情感願望（實質是物質利益）的衝突，甚至產生了仇富的畸形心理。

關於仇富心理的說法歷來就有，我們並不否認這種心理的存在，問題在於，這種仇富心理是怎麼產生的？

其實，在任何時代和任何民族，對財富的眼紅都是一種必然心態，只是人們會很自覺地找到平衡這種心態的理由，譬如把這種富人財富的擁有理解成對方巨大代價和艱苦努力的付出，或祖輩打拼下的遺蔭等。但是，一旦自己替對方尋找的富裕的因由不能令自己信服，或者認爲對方付出的富裕成本太過低廉，那種不公平感就會升級到仇視，仇富心理也就產生了。

財富也不只是指金錢。打個比方說，假如把榮譽、事業、財富、地位都比作

「零」，那麼健康就是前面的那個「一」。否則，即使擁有再多，也還是等於零。但我們經常意識不到這個簡單的道理，爲了掙錢毫不顧及身體。結果，年輕時以健康換金錢，年老時以金錢買健康。可是，健康是金錢可以買來的嗎？金錢可以換來最新的藥品，換來精細的護理，卻不能保障我們的健康。

從另一個角度來說，人們爲獲取財富使健康遭受的損失固然是金錢無法彌補的，但爲牟取私利而使心理遭受的傷害更難以癒合。財富是有限的，欲望是無限的。我們爲盡可能多地佔有財富，在直接或間接地侵佔他人利益的同時，也使我們自己滋生出了重重煩惱。這些內在的傷害或許不會在短時間內顯現出來，但它的影響卻不會隨著時間的流逝而消失。

積極健康的財富觀帶給人的是兩方面內容：正確認識金錢，正確使用金錢。現實生活中有人一擲千金，自信「千金散盡還復來」；有人量入爲出，擔心「一分錢難倒英雄漢」。正是在對金錢的認識和使用過程中，人們形成了各自不同的財富觀。

「每個人都要學會像百萬富翁那樣去思考。」這句話點出了財富觀的關鍵之處。首先，要認識到天上不會掉餡餅，圖書、巧克力、房子、汽車等都需要用金錢去購買，而金錢則需要通過個人努力地工作與奮鬥去獲得，所謂「君子愛財，取之有道」。其次，有了金錢以後要善於使用它，使它創造更大的價值。

樹立正確的財富觀，需要我們明白什麼是財富、如何才能創造財富。我們必須對財富有一個正確的認識，只有這樣，我們才能懂得如何求財、合理使用，才能從容地駕馭財富，而不是被財富左右，只有這樣才能成爲財富的真正主人。

從學徒到紅頂商人：胡雪巖傳奇

(原書名：關鍵時刻,胡雪巖是這麼做的)

作者：章岩
發行人：陳曉林
出版所：風雲時代出版股份有限公司
地址：10576台北市民生東路五段178號7樓之3
電話：(02) 2756-0949
傳真：(02) 2765-3799
執行主編：朱墨菲
美術設計：吳宗潔
行銷企劃：林安莉
業務總監：張瑋鳳

出版日期：2023年2月新版一刷
版權授權：馬峰
ISBN：978-626-7153-78-9

風雲書網：http://www.eastbooks.com.tw
官方部落格：http://eastbooks.pixnet.net/blog
Facebook：http://www.facebook.com/h7560949
E-mail：h7560949@ms15.hinet.net
劃撥帳號：12043291
戶名：風雲時代出版股份有限公司

風雲發行所：33373桃園市龜山區公西村2鄰復興街304巷96號
電話：(03) 318-1378
傳真：(03) 318-1378
法律顧問：永然法律事務所 李永然律師
北辰著作權事務所 蕭雄淋律師

行政院新聞局局版台業字第3595號 營利事業統一編號22759935

定價 ：320元

國家圖書館出版品預行編目資料

從學徒到紅頂商人：胡雪巖傳奇 / 章岩著. -- 臺北市
: 風雲時代出版股份有限公司, 2022.12 面； 公分

ISBN 978-626-7153-78-9（平裝）

1.CST: 胡雪巖 2.CST: 企業經營 3.CST: 人生哲學
4.CST: 成功法

494 111019584